U0240984

凤凰文库·设计理论研究系列

主　　编　李砚祖

执行主编　张　黎

项目总监　方立松

项目执行　郑　晓

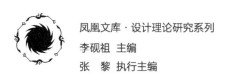

凤凰文库·设计理论研究系列

李砚祖 主编

张 黎 执行主编

[美] 卡尔·迪赛欧 著 张黎 译

对抗性设计

江苏凤凰美术出版社

图书在版编目（CIP）数据

对抗性设计/（美）卡尔·迪赛欧（Carl DiSalvo）
著;张黎译. --南京：江苏凤凰美术出版社，2016.10（2020.10 重印）
（凤凰文库·设计理论研究系列）
ISBN 978 - 7 - 5580 - 0561 - 9

Ⅰ. ①对… Ⅱ. ①卡… ②张… Ⅲ. ①工业设计
Ⅳ. ①TB47

中国版本图书馆 CIP 数据核字（2016）第 138581 号

ADVERSARIAL DESIGN BY CARL DISALVO
© 2012 MIT Press
Simplified Chinese edition copyright：
2016 JIANGSU PHOENIX FINE ARTS PUBLISHING HOUSE
All rights reserved.

著作权合同登记号：图字 10 - 2014 - 472

责任编辑	方立松　郑　晓	
实习编辑	姜小洁	
装帧设计	周伟伟	
特约校对	曹永琴　刘庆莉　洪波	
责任监印	唐　虎	

书　　名	对抗性设计
著　　者	［美］卡尔·迪赛欧
译　　者	张　黎
出版发行	江苏凤凰美术出版社（南京市湖南路 1 号　邮编：210009）
出版社网址	http://www.jsmscbs.com.cn
制　　版	江苏凤凰制版有限公司
印　　刷	江苏凤凰通达印刷有限公司
开　　本	652 毫米×960 毫米　1/16
印　　张	11.5　插页 4
字　　数	145 千字　插图 25 幅
版　　次	2016 年 10 月第 1 版　2020 年 10 月第 3 次印刷
标准书号	ISBN 978 - 7 - 5580 - 0561 - 9
定　　价	50.00 元

营销部电话　025 - 68155792　营销部地址　南京市湖南路 1 号
江苏凤凰美术出版社图书凡印装错误可向承印厂调换

出版说明

　　要支撑起一个强大的现代化国家,除了经济、政治、社会、制度等力量之外,还需要先进的、强有力的文化力量。凤凰文库的出版宗旨是:忠实记载当代国内外尤其是中国改革开放以来的学术、思想和理论成果,促进中外文化的交流,为推动我国先进文化建设和中国特色社会主义建设,提供丰富的实践总结、珍贵的价值理念、有益的学术参考和创新的思想理论资源。

　　凤凰文库将致力于人类文化的高端和前沿,放眼世界,具有全球胸怀和国际视野。经济全球化的背后是不同文化的冲撞与交融,是不同思想的激荡与扬弃,是不同文明的竞争和共存。从历史进化的角度来看,交融、扬弃、共存是大趋势,一个民族、一个国家总是在坚持自我特质的同时,向其他民族、其他国家吸取异质文化的养分,从而与时俱进,发展壮大。文库将积极采撷当今世界优秀文化成果,成为中外文化交流的桥梁。

　　凤凰文库将致力于中国特色社会主义和现代化的建设,面向全国,具有时代精神和中国气派。中国工业化、城市化、市场化、国际化的背后是国民素质的现代化,是现代文明的培育,是先进文化的发展。在建设中国特色社会主义的伟大进程中,中华民族必将展示新的实践,产生新的经验,形成新的学术、思想和理论成果。文库将展现中国现代化的新实践和新总结,成为中国学术界、思想界和理论界创新平台。

　　凤凰文库的基本特征是:围绕建设中国特色社会主义,实现社会主义现代化这个中心,立足传播新知识,介绍新思潮,树立新观念,建设新学科,着力出版当代国内外社会科学、人文学科的最新成果,同时也注重推出以新的形式、新的观念呈现我国传统思想文化和历史的优秀作品,从而把引进吸收和自主创新结合起来,并促进传统优秀文化的现代转型。

凤凰文库努力实现知识学术传播和思想理论创新的融合,以若干主题系列的形式呈现,并且是一个开放式的结构。它将围绕马克思主义研究及其中国化、政治学、哲学、宗教、人文与社会、海外中国研究、当代思想前沿、教育理论、艺术理论等领域设计规划主题系列,并不断在内容上加以充实;同时,文库还将围绕社会科学、人文学科、科学文化领域的新问题、新动向,分批设计规划出新的主题系列,增强文库思想的活力和学术的丰富性。

从中国由农业文明向工业文明转型、由传统社会走向现代社会这样一个大视角出发,从中国现代化在世界现代化浪潮中的独特性出发,中国已经并将更加鲜明地表现自己特有的实践、经验和路径,形成独特的学术和创新的思想、理论,这是我们出版凤凰文库的信心之所在。因此,我们相信,在全国学术界、思想界、理论界的支持和参与下,在广大读者的帮助和关心下,凤凰文库一定会成为深为社会各界欢迎的大型丛书,在中国经济建设、政治建设、文化建设、社会建设中,实现凤凰出版人的历史责任和使命。

目录 ———————————————————————

译者序 ————————————————————

·关于本书

　　本书以对抗性作为划分新设计类型的属性，无疑是颇具创意的做法。何谓对抗性设计，书中作者已经给予了详细论述，这里不再赘述。作为译者与首批读者之一，请允许我就本书的核心观点、结构以及对设计的启示，尤其是以批评的视角、对中国设计的价值，浅谈几点个人之见。

　　设计作为新型服务业，服务用户、满足用户的需求不应该是其首要价值吗？何谓对抗性设计？对抗谁的设计？谁去对抗？如何对抗？为什么要对抗？这些问题，我相信，不仅是疑惑并吸引了作为译者与读者的我，也可能是各位读者在阅读本书时最感兴趣的几个核心诉求。如果读者能在读毕本书之后，以自己的语言，简要清晰地回答上述问题，我想该书的价值便能得到最大程度的体现。

　　著名荷兰设计师斯丹法诺·马扎诺(Stefano Marzano)曾直言不讳地表达过设计与政治的关系："设计即政治法案。每一次我们设计某个产品，就是在为世界将何处去所发表的声明。"([荷]斯丹法诺·马扎诺著，王鸿祥译，《飞利浦设计》，台北：田园城市出版社，2000年，第84页。)这几乎是国内学者首次接触到设计与政治有关的观点，但是马扎诺所谓设计与政治法案的关系，呈现的只是设计的过程与结果对于社会与环境问题的表达，也就是说，这里面只涉及到了设计师的政治态度。但在这本《对抗性设计》当中，设计与政治的关系，更多的是通过用户去实施并完成，设计师在其中的功能逐渐转化为引导者与提供参与政治机会的一方。

　　设计与政治有关吗？当可持续设计、服务设计、设计行动主义(design activism)、批判性设计(critical design)、为了民主的设计(design for democracy)、为了90％人类的设计(design for the 90％)等类型、概念以及行动等逐渐地普及化,设计与政治的关系就十分明显,但又不是那么的清晰。在设计与政治的关系上,我们关于政治的认知大多数属于宏观的、意识形态的、政策的、政府的、体制的或权利的等方面,但在《对抗性设计》一书中,所谓设计与政治的关系则呈现出新的样貌。

当我们在说设计是政治的时候,我们在说些什么?为了回答这一问题,作者区分了两种类型的设计与政治的关系:一种是为了政治的设计(design for politics),另一种则是政治性设计(the political design)。前者虽然从字面意义上也体现了设计与政治的关系,但两者之间的相互影响还是相对独立,设计只是为政治服务的工具,而且在整个设计过程中,设计师独揽了与政治接触的全部机会。后者是以设计作为催化剂,去震荡既有的政治系统,以期扰乱其内部结构及其要素之间的固化关系,并通过揭示霸权、重新配置剩余物以及接合成为集体等方式,打破其平衡状态,并改变政治议题与公众的单向沟通方式,从而引发人们对设计价值及其政治关系的重新思考。总而言之,对抗性设计是一种表达了争胜性的政治性设计。

本书中讨论的设计与政治的问题,并非重点指涉政府日常管理与运行等方面与设计的关系,比如为了提高民众对某政府机关部门的了解程度,重新设计该部门的网站布局、交互方式、设计手机APP或微信公众账号等,也不是为了促进中青年选民参与投票的热情,聘请设计师团队设计投票站的视觉识别与导视系统。本书所指的设计与政治的关系,是一种不协调、不统一、无所谓共识的争论状态。

所以,在对抗性设计的类型中,政治指的不是某种具有稳定属性、指涉类别的名词,而是一种对所有传统的、既定的、理所当然的境况、结构、状态的挑战与质询。这种境况、结构、状态，在设计的参与下，是否还有其他表征形式的可能？这一设计，不论是过程还是结果，是否促进、邀请、推动了公众对于任何公共话语、公共空间、公共生活的参与程度与多样化表达渠道或方式？统一或共识，不是对抗性设计的最终目标；相反，异议与冲突才是对抗性设计的核心价值，在本书中，作者借助了政治理论的争胜性概念来统筹这种异议与冲突。

当代设计最为突出的特点，可能便是多元主义以及跨学科的边界模糊性。设计成为无所不包的概念，但是一旦设计的概念毫无顾忌地泛化为所有事物时，便也失去了本质性特征。本书的设计，既包括职业设计也包括业余设计，既包括交互设计与信息设计，也包括平面设计与工业设计。作者将设计作为一种规范性努力，作为构思过程及其体验化的形式，换言之包括人工物、系统、事件，都属于设计的范畴，同时只要它能塑造某种行动及其信念与路线。其实，从这里，关于对抗性设计的特点便呼之欲出了。对抗性设计，指的是那些能够形塑人们参与政治议题的行动及其信念与路线的设计。值得注意的是，对抗性设计在本书的重点不是作为某种设计类型的名称，而是一种为人们理解、描述、分析一系列的人工物、系统、事件等提供理论与知识的框架。

本书介绍的大量对抗性设计案例，都符合我们更加熟悉的一个概念——交互设计，但有趣的是，全书没有一处出现"交互设计"的提法。这是为什么呢？该问题的答案也恰好表现了作者的创新之处。作者以"计算"（computation/computing/computational）这一概念作为统摄全书的线索，计算是所有人工物、系统、事件的媒介属性。换言之，本书所谓的对抗性设计，除了争胜性的本质特征之外，其媒介属性也都是计算。与交互概念的侧重点不同，计算媒介突出的是设计技术层面的内涵以及媒介属性,而交互则突出了人与物之间的关系与使用方式等,广义上来说,交互概念的边界实际上非常模糊,所有人与物的相互关系都可以理解为交互。相比之下,计算则更加明确地指出了当代设计在实现、形式以及传播方面的特点。而所谓计算的媒介属性,也超越了计算作为单纯的工具概念,对于对抗性设计而言,其首要任务是去识别并分析计算的特质,以及弄清楚以计算作为媒介属性的设计如何表达政治性。在这一层意义上,对抗性设计指的是,以计算作为媒介特性的表达了争胜性的政治性设计。

本书以信息设计、社交机器人以及计算对象等三种设计类别,并分别结合三种政治理论——揭示霸权、重新配置剩余物以及接合的集体,回答了对抗性设计如何成为政治性设计的问题;换言之,为回答"设计如何以计算媒介实现争胜性目标"这一问题展开了详尽的分析与论证。

本书对于当前中国设计教育界的交互设计热情提供了另一种有趣的思考与探索方向。比如说,设计一款具有交互功能的空调,对于中国消费者而言,设计的重点可能是如何降温或升温、如何对比显示温度变化的效果等问题;但是作为世界公民而言,或者说从对抗性设计的认知框架来看,该款产品的设计侧重点应该是:在有限的资源与无限的欲望之间,如何平衡两者的关系。具体而言,应该降低或升高多少温度即可达到刚刚好的状态,而不是一味地追求极致的凉爽或温暖。这一思路的转变,体现的便是普通的交互设计与对抗性设计的差异。

· 致谢

感谢凤凰出版传媒集团江苏凤凰美术出版社给我机会翻译并学习

这本佳作，感谢方立松社长助理的信任，感谢郑晓编辑专业且细致的工作。本人一直对设计批评非常感兴趣，因此也特别感谢作者为当代设计研究的显学之一计算与交互提供了非常新颖且有效的设计批评模式。在初译过程中，与同学们进行了深入的交流与讨论，深化了本人对原文的理解，在此特别感谢谭傲楠、金雅丽、安凯等几位同学的精彩参与；在后期校对过程中，感谢北京信息科技大学计算机学院的李卓博士，你在计算机领域的精通，为本译作的准确性保驾护航。当然，本译作的所有精彩与价值都有你们理所当然的智力贡献，而所有瑕疵与不足，只是本人才疏学浅而无法避免的缺陷。

感谢爱人支持我的翻译工作，在繁重的教学与科研压力之外，压缩了本应陪伴家人的时间得以完成本书的翻译。

致谢

过去十几年我一直在思考技术、设计以及艺术的政治特质与潜力，与上百位朋友和同仁的对话与反思共同促成了本书。特别感谢弥敦·马丁(Nathan Martin)这么多年来与我在这些主题上一起共事。我的朋友汉斯·迈尔(Hans Meyer)的严肃批评，对本书观点的发展起到了关键性的指导作用。我非常怀念他唠叨挑剔的怀疑主义的情形，这帮助我不断地检视了自己的观点。感谢迪克·布坎南(Dick Buchanan)、乔迪·佛利兹(Jodi Forlizzi)、朱迪思·莫德(Judith Model)，以及艾拉赫·诺巴克什(Illah Nourbakhsh)等人为我提供的严谨而坚韧的研究生学术训练，多年以后，他们教给我的知识仍然使我受益匪浅。另外，如果没有佐治亚理工学院同仁的支持，本书亦无法完成。在此我想特别感谢珍妮特·穆雷(Janet Murray)对我的指导，她多次研读了本书的诸多章节并为我反馈了丰富的建议与鼓励。同样，我也要感谢伊恩·博戈斯特(Ian Bogost)亦师亦友的情谊。感激我的同事们，杰伊·伯尔特(Jay Bolter)、休·克劳馥(Hugh Crawford)、迈克·尼切(Michael Nitsche)、安妮·波拉克(Anne Pollack)、尤金·萨克尔(Eugene Thacker)等，与他们的讨论卓富成效。除此之外，还有好多人为本书的观点提出了难得的反馈意见，即使有时候是无意之举，我仍然想要感谢这些人以及与他们曾经的交谈：埃米莉·贝茨(Emily Bates)、史蒂夫·迪茨(Steve Dietz)、弗朗辛·格雷戈里(Francine Gemeperle)、伊恩·哈格里夫斯(Ian Hargraves)、泰德·赫什(Tad Hirsh)、大卫·霍尔斯丘斯(David Holstius)、萨宾·荣格勒(Sabine Junginer)、乔恩·科尔科(Jon Kolko)、维克多·马格林(Victor Margolin)、菲比·森吉斯(Phoebe Sengers)、彼特·斯库彭莉(Peter Scupelli)、莉兹·托马斯(Liz Thomas)，以及克里斯汀·托里(Cristen Torrey)等。桑克·希克斯

(Cinqué Hicks)全程为本书提供了大量的编辑意见与支持。没有家人的支持,本书也无法写成,尤其感谢卡尔·弗罗斯特(Carl Frost)。感谢我的母亲与父亲,苏珊·迪赛欧(Susan DiSalvo)与约瑟夫·迪赛欧(Joseph DiSalvo),他们从小便教我认识到争论的价值,并让我学会正视艺术与学术的价值。最重要的是,感谢贝特西(Betsy)、艾维(Evy)与乔希(Josie)及其坚定的支持。

第一章　设计与争胜性

2002 年的春天,大约有 6 只玩具机器狗缓步笨拙地经过位于纽约州布朗克斯的一家废弃的、杂草丛生的玻璃制造工厂门口。其半透明的塑料机身装置在可前后转动的轮子上,除此之外,轮子上方的插槽里还安装了半透明的塑料腿。(图 1-1)几个年轻人在一旁驻足观看。这些机器狗的运动显然是有目的的行为,而且它们的每一步移动都充满了意义。它们正在周围寻找释放了有毒气体的包裹。(图 1-2)

图 1-1　新的机器狗,娜塔莉·耶雷米耶克,"野性机器狗"项目,2002 年

当人们想到使用机器人或其他先进技术用于环境监测时,通常都会以为是由训练有素的专业人员负责,操作复杂且昂贵的高级设备来完成任务。然而,娜塔莉·耶雷米耶克(Natalie Jeremijenko)开始于 2002 年的"野性机器狗"(*Feral Robotic Dogs*)项目已经对上述关于科学与工程的假

图 1-2　纽约州布朗克斯,机器狗释放现场,娜塔莉·耶雷米耶克,"野性机器狗"项目,2002 年

设提出了挑战。在这个项目中,耶雷米耶克"侵入"了机器人玩具狗的芯片并重新编程,为其装备轮子和传感器,将之转变为具备低精度移动性能的污染监测器。[1]与其他仪器合作,耶雷米耶克在选定的区域使用这些被改造过的机器狗去寻找已经暴露的风险,每一次动用机器狗都成为一个媒体事件,它吸引人们去关注日常生活环境中对各种毒性的监测与作用。通过"野性机器狗"项目,耶雷米耶克为人们呈现了基于新目标的、创造性挪用技术的可能性,以及通过引人注目的技术事物邀请公众参与政治议题的可能性。除了作为工具之外,这些被改造过的机器狗也可以视作质疑、挑战,以及在技术利用和环境监测方面重新定义专业概念的平台。

　　"野性机器狗"项目充分体现了一种我称之为"对抗性设计"的文化生产。这项工作跨越了设计与艺术、工程与计算机科学、政治宣传与消费者产品的界限。此外,它涵盖了一系列的受众与潜在用户,并被贴上了不同的标签,比如批判性设计与战略性媒介。[2]但是,即使在这些差异化的标签之中,这里仍然存有一个共性,即通过设计师式的手段与形式,对抗性设计能够唤起并激活公众参与到政治领域。因此,对抗性设计也属于政治性设计的类型之一。

我们很容易对设计的政治素质与潜力给出判断,但这些判断需要一种能够保证其主张拓展到多个对象物与实践领域的方式。尤其要关注在作怪的政治类型,以及设计师式方式与形式发挥作用的方式。我使用"对抗性设计"一词去标识那些表达或启发了特殊政治视角的被称为"争胜性"的作品。此外,我并没有将"设计"的概念局限在专业领域,而是将其拓展到跨越学科边界的更广范围,包括一系列构建人们的视觉与物质环境的各类实践,比如物体、界面、网络、空间以及事件等。对抗性设计是一种文化的生产,它通过对产品、服务以及人们与之相关的体验的概念化及其生产,来实现作品的争胜性。

但是,我们真的需要另一种方式来谈论设计并考虑设计可以或能 3 够做什么吗?考虑到设计、政治以及政治性之间的关系,我认为我们确实需要以另一种方式重新思考设计。随着 21 世纪的到来,人们对设计的实践及其产品如何塑造与促进公共话语和公民生活这一话题越来越有兴趣。这一点从大量设计会议及其会议主题、商业出版物、以推动所谓社会设计为主题的各类报告,为了民主的设计、社会创新等现象的层出不穷中即可窥见一斑。[3]其中很多工作都是以面向改善政府机制以及提高政府决策过程中的公众参与为目标,即为了政治的设计。而且,其中的大部分目标通过民众参与以及设计的常见形式来实现。但是,并非所有的当代设计作品都能很好地适应这样的形式。耶雷米耶克的"野性机器狗"正是这样的例子。这个作品当然也是关于参与的话题,但并非借助标准的方式。除此之外,该作品的议程以及政治性提供了一种更加微妙的、俏皮的争论而不是创造某种共识。我们应该如何为这类设计赋予意义?这些设计如何有助于构建社会?通过探讨政治理 4 论、设计以及技术的融合方式,如何创造出一种独特的机会呈现新的政治表达与行动的方式?本书将试图为上述这类问题提供答案。争胜性作为一种政治理论,为这类问题的解答提供了卓富成效的出发点,因为争胜性理论主张,政治(politic)与政治性(the political)之间存在着重要的差异,而且民主的公民生活与公共话语都是基于符合对抗性设计特点的这类论证而形成的。

·争胜性理论与设计

本节题目来自于抗议者的赞美之歌——纪录片《这就是民主的样子》(*This Is What Democracy Looks Like*),该片由百余个参与者的个人纪录片编撰而成,再现了 1999 年在西雅图和华盛顿对世界贸易组织(WTO)的抗议活动(Friedberg and Rowley,2000)。在这些示威活动中,由工会成员、学校教师以及环境活动家等组成数千人抗议团体,聚集在西雅图街头反对 WTO 的各项政策。示威活动的各种形式分别反映出了参与人群的不同立场。一些团体组织了举着标语的游行,有的团体则选择以在街头表演戏剧、在公园敲锣打鼓等形式表达不满,还有的示威活动表现为公民抗命(译者注:Civil disobedience,也译为"公民不服从"或"政治不服从",是处于弱势地位的公民表达异议的一种方式,是行使反对权的政治权利。)等形式。纪录片《这就是民主的样子》大胆地综合呈现出众多不协调的声音与行动,看似混乱但起到了警醒的作用。这样的场景与北美国家关于民主的观念背道而驰,后者的民主通常表现为镇民大会、党团会议以及各种选举等。但是,纪录片表明了民主并非仅投票过程中显示的理性与秩序,又或结构化的决策机制,抑或是立法过程等,民主同样也应包括且必须包容有争议的情感与多样化的表达。

在政治理论里,争胜性和争胜多元化的概念中所内含的本质性争议,为民主的观念夯实了基础,因此也为我们理解对抗性设计、设计的争胜性及意义提供了基础。争胜性既是一种意见分歧与冲突的境况,也是一种对抗与异议的境况。那些拥护争胜性民主方式的人也同样鼓励以对抗和异议作为民主的根本基础。在此方式上,争胜性的民主不同于协商性民主的规范化实践方式,后者基于对于特权的共识以及所谓的理性。大多数争胜性理论的动机是反对"第三条道路"和"中间派"的政治概念,这些政治经济理念往往强调以理性和共识作为民主决策制定与行动的基础。[4]争胜性理论强调政治关系的感性方面,并接受那些永不消失的分歧与对抗。对于政治理论家钱特尔·墨菲(Chantal Mouffe)而言,这是她所谓的"民主悖论"的结果:尽管我们致力于多元性,但我们也知道多元性是永远无法实现的目标,正如她所言(Mouffe,2000b:15—16):

> 什么是具体的、有价值的、现代自由的民主,当我们正确地理解这一概念时,它也同时创造出了一种包容持续对抗的空间,权力关系永远处在质疑当中,没有任何一方可以得到最终的胜利。然而,这种"争胜性的"民主需要我们去接受这一观点,即对抗与分歧是政治固有的属性,在政治里也没有最终和解的可能,从而去达到所谓"人"这一实体的完整现实化。由于多元民主的可能性条件同时也是其完整地实施不可能性的条件所在,因此对于多元民主的想象只能在自我反驳的理想当中得以实现了。

争胜性处于一种无限循环的争论之中。持续化的分歧与对抗不利于民主的努力,但却有助于民主境况的生产力提升。通过有争议的情感及其表达,民主才能得以现实化。从争胜性的视角来看,民主处于事实、信仰以及社会实践等总是需要被检验与挑战的现实语境之中。民主的繁荣,必须借助于对抗与争论空间的持续开放。也许,对抗性设计最基本的目的便是,为对抗提供空间,并为那些参与争论的人们提供资源与机会。

"争胜:一种语言的游戏"(Agonistics:A Language Game)是沃伦·萨克(Warren Sack)2004年的一项计算媒介项目,表现了在争胜性对抗的状态下各玩家之间的争胜性特性。(图1-3)在该项目中,网上在线论坛成为发生争胜性冲突的共享空间。为了切入与其他玩家的对话,玩家必须在网上论坛发帖表达观点。在游戏或竞赛中,那些自己的观点得到论坛中其他人转发或支持的人才能成为赢家。除了这种文本特质以外,该项目也包括了视觉要素,其中参与者在屏幕上再现为各种头像,并排列为一个圆圈。作为软件编程与设计者的沃伦·萨克记录下了在整个对话与发帖过程中,某个玩家所有观点的相对立场及其变化过程。当某个玩家的观点与视角在论坛中站稳脚跟之时(也就是其他人在引述他的观点之时),代表他的头像则会从圆圈的边缘向中心靠近并移动。要想让别人引述自己的观点,就必须表达出一种有争议的立场,才能激发回应。以此方式,游戏和软件鼓励了生产论点并维续了争论。争胜游戏的玩家不能打击其他玩家,而且玩家也并不想去对抗话语的领域,不然观点交换就会停滞,而且该玩家所处的地位会被削弱到外围。相反,游戏设计的目的在于鼓励玩家持续保持冲突的活性从而最终获得胜利。因此,玩家需要不断持续地阐释与表达,从而制造立场去维持对抗性的交流。

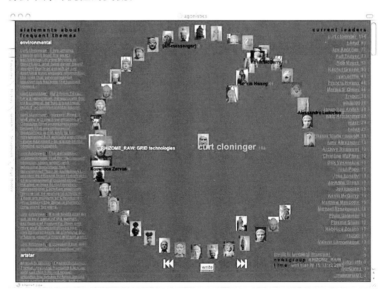

图 1-3　沃伦·萨克,"争胜:一种语言的游戏"展览,2002,http://artport. whitney. org/gatepages/artists/sack

"争胜：一种语言的游戏"表现出了争胜性理论的关键概念(尤其是经过了墨菲的论述之后)——敌人与对手(adversary)之间的差异。墨菲的争胜性理论与另一位政治理论家卡尔·施密特(Carl Schmitt)的观点截然不同,后者认为政治的形成基于朋友与敌人间差异的冲突状态。(Schmitt,1996)但是,"对抗"一词是用来描述包含分歧与冲突的关系,又不至于发展为要消灭对方的暴力欲望,也不同于敌人间试图去消灭对方的冲突类型。这样一来,争胜性揭示了希腊语 Agon 的根源性内涵:"一种公众庆祝的游戏;一种奖励游戏获胜方的竞赛;或者是,在希腊戏剧中两个人物的口头较量等。"(OED,2008)共享历史与当代意涵的争胜性理论成为一种特殊类型的冲突概念,而不仅只是一种象征性概念。争胜性冲突包含了社会的、物质的以及经验的后果,但并不会导致他者的湮灭。

然而,墨菲使用"对手"(adversary)一词,突出了在争胜性民主当中,行动者及其立场之间关系的特点;我使用"对抗性"(adversarial)这一概念,则是为了表现人工物或系统的特征。当给一个事物贴上"对抗性"的标签,是有意之举,希望唤醒各位对对抗性关系与经验的关注,这些关系与经验,往往通过设计之物及其表达异议的方式被引出。贴上了对抗性标签的事物同时也转移了批评的根据。这些事物需要一种能够突出其物性本身的描述与分析方式,即揭示其包含着的启发或者有助于去建构生产性的、持续的追问,挑战,以及重新规划的设计特性,这种特性也定义了争胜性概念本身。

· 为了政治的设计以及政治性设计

通过游戏机制及其玩法的设计,"争胜:一种语言的游戏"作为文本说明的形式给对抗性设计提供了恰当的例子。对抗性设计的其他形式也是可能的,但大部分都不是这类文本的类型,这些将会在接下来的章节中详细介绍。然而,所有对抗性设计的案例,都取决于人们对于"政治"（politics）和"政治性"（the political）两者区别的理解，也意味着对"为了政治的设计"与"政治性设计"两者差异的认知。

"政治上的"（political）一词总是被用作贬义，比如"这是一个纯粹的、政治上的决定"。另一方面，这些短语对于理解争胜性又非常有帮助，因为它们表现了民主的冲突本质。然而，这类短语的贬义属性也表明了冲突会阻扰民主努力的观念。当人们在使用这类短语时，他们似乎希望自己选举的代表和领导人能够从意识形态的立场中退下来，从而更加投入到所谓的管理城市、州县或者国家的工作当中去。但从争胜性理论的视角看来，政治和政治性是两种独立的概念，不应该被混淆。它们之间的差异强调了正在进行当中的争论行为与政府日常性管理之间的差别。正如墨菲（Mouffe，2000b：101）指出的：

> 所谓"政治性"，指的是内在于人类关系之间的争胜性维度，而且争胜性的表现形式多样，并出现在各种差异化的社会关系中。另一方面，所谓"政治"，指的是实践、话语、机构等构成的全体，并试图去建立某种秩序和在某种境况下组织人类共存。可以看出这两个方面总是互相冲突的，因为它们均受到政治性维度的影响。

政治与政治性的差异形塑着对抗性设计的诸多目的，并突出了为了政治的设计与政治性设计的差别。政治是组织、市政或州县进行选举与管理的手段。政治也是执政的一系列结构与机制。政治既包含了潜在的法律法规，也体现着显的人际交往以及信仰价值实践等习性。与这些手段不同的是，政治性是生活的境况——在现实力量与理想之间不断进行博弈与对抗的境况。这种境况在人与组织间的各种交往方式之中得以表现与体验，包括辩论、表达异议和举行抗议等。这种境况同样也能借助设计来表达与体验。

大多数当代设计项目都有意去支持民主在政治的而不是在政治性

方面的实践,因此我们得以区分为了政治的设计与政治性设计的差别。为了政治的设计通常是为了改善获取信息的渠道(比如公共健康信息或与组织及竞选人等相关的信息等),又或者是为了拓宽获得秩序化表达和行动等诸多形式的通道(比如请愿、选票以及投票等)。在那些以设计应用于政治的项目中,它们强调的是协调形式与内容的审美吸引力,以及以适当的功能化方式去支持执政手段的表达技巧,而所谓执政手段,便是将州县、组织或者团体团结在一起的机制。这类工作是必要的,但还不足以体现争胜性概念的内置政治属性。也许比较一下两个当代项目可以更好地帮助各位理解为了政治的设计与政治性设计之间的差异。

"为了民主的设计"(DfD, The Design for Democracy)是美国平面设计协会(AIGA)内部的一个倡议,其象征意义在于推动为政治的设计。根据其官网介绍,DfD旨在"应用设计工具与思维,促进美国政府与其民众之间的相互理解与沟通,从而提高公众参与政治的程度"(AIGA,2008)。[5] DfD倡议的项目在整个社会产生了广泛深远的影响力。"走出来投票"(Get Out the Vote)项目以无党派倾向的平面设计去促进选民登记及其参与程度;"政府官员:获取帮助"(Government Officials: Get Help)项目则以设计服务实现"更加亲民、透明、高效的政府机构"(AIGA,2008);"投票站项目"(Polling Place Project)则广泛报道了有关美国投票体验主题的公民新闻纪录片;另一项设计宣传方案则以促进政府事务中设计的重要性为目的;"选票与选举程序设计"项目试图通过重新设计选票、投票站标识系统、指导手册以及选举工作人员的培训教材等方式去完善投票体验以及提高计票效率(Lausen,2007)。DfD的这些努力显出了直接的、可测量的以及值得赞赏的积极效应。2007年,美国选举协助委员会接受了AIGA关于选票与投票站信息设计的指导意见;"投票站"项目吸引了选民的热情参与,成千上万个选民提交并展示了自己拍摄的投票照片;"走出来投票"项目设计了几十种夺人眼球的海报作品,并进行了海量的复制与传播。这类工作是为了

9

政治的设计的最典型案例,其目标是维护政府机制并提高管理改革。这一目标在这类工作的定位和初始动机中显得尤为清晰,比如提高选民参与度、提高政府的透明度与效率,以及通过设计提高投票的功效等。

另一方面,"百万美元街区"(*Million Dollar Blocks*)项目则为政治性设计提供了可供解读的案例。这一项目隐含争论性并试图探究这一问题,同时针对争论性提出了一系列新的问题。因此,它表明了从争胜性视角来说,为了民主的设计的应有样貌。[6]由劳拉·库尔干(Laura Kurgan)和哥伦比亚大学的空间信息设计实验室合作开发的"百万美元街区"项目,使用了地理信息系统地图去呈现与各种犯罪相关的数据。与其他呈现犯罪地图的常见思路不同,库尔干并没有从诸如"这些犯罪在哪里发生"或者"谁是这些犯罪的受害者"等问题开始,而是在项目初始阶段便提出了"这些监狱人口到底从何而来"的问题。这一项目的主要成果是四个城市(菲尼克斯、威奇托、新奥尔良和纽约)的系列地图,这些地图以地理方式呈现了这些因犯所在的监狱地址分布。(图1-4和图1-5)除了地图与相关的信息图形之外,库尔干与同事们策划了一个展览;发表了两本非公开出版的书籍,记录了展览的整个过程及其相关主题,书名为《模式》(*The Pattern*)及《建筑与正义》(*Architecture and Justice*);举办了由设计专家、社区人员、民众、社会公平组织及个人等共同参加的情景规划工作坊。[7]

之所以说"百万美元街区"项目是政治性设计,因为它揭示、质询并挑战了城市环境的境况与结构;同时它还提供了争论的空间;此外它还为制图与城市规划提供了新的设计实践方式。与DfD不同,"百万美元街区"项目并没有介入直接支持或提高现有执政手段的领域。相反,通过"这些监狱人口到底从何而来"的提问,制造一系列设计之物去探求这一问题及其内在含义,库尔干的工作实际上为犯罪行为与居住环境这一讨论构建了新的框架。正如她所指出的那样(Kurgan,2008):

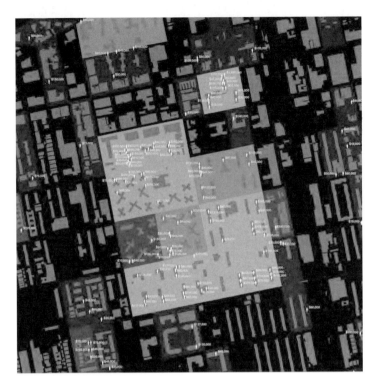

图1-4　纽约布鲁克林区的布朗斯维尔领域地图，显示出2003年街区普查到的监狱开支（以美元计）。图片来自"百万美元街区"项目，2006年，由哥伦比亚大学的建筑、规划与保护研究生院，空间信息设计实验室慷慨提供。"建筑与正义"项目团队：项目总监劳拉·库尔干，埃里克·卡多拉（Eric Cadora）、莎拉·威廉姆斯（Sarah Williams）与大卫·雷福特（David Reinfurt）。

　　　如果只是关注犯罪事件本身，基本上就忽视了犯罪的人性根源这一更为重要的问题。当我们将制图的关键点从犯罪事件本身转移到监禁这一事件上时，显著的差异化模式随之变得更加清晰可见。监狱地理学与犯罪地理学存有根本的差异。

　　对于库尔干等人来说，关键的问题是："数据中是否存在着某种模式可以解释隐藏于境况中的模式呢？"如果有，"如何才能对这些在城市环境中导致轻微不公平现象的模式进行识别与质询呢？"本项目的名字"百万美元街区"取自于政府每年在关押某些街区的居民上所付出的成

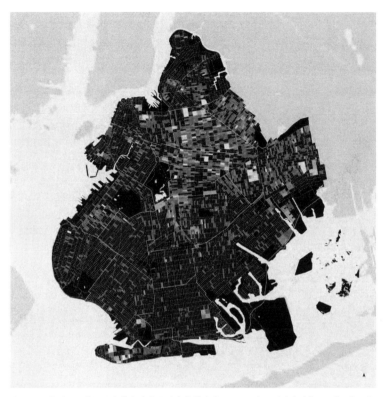

图1-5　地图显示出纽约布鲁克林地区的高监禁率街区,2003年。图片来自"百万美元街区"项目,2006年,由哥伦比亚大学的建筑、规划与保护研究生院,空间信息设计实验室慷慨提供。"建筑与正义"项目团队。

本(大于100万美元)。这一模式发现并提出了更为深入的问题:"哪些人住在这些街区?""这些街区看上去都是什么样子?""有没有更好的方式,同样花掉那笔钱却能达到更好的效果?"

　　弄清楚为了政治的设计以及政治性设计之间的差异非常重要,因为它有助于帮助我们明白诸如"百万美元街区"以及耶雷米耶克的"野性机器狗"等项目的意义,这些项目体现了一种更有广泛意义的努力,它们利用设计实践及其产物去形塑和推动公共话语与公民生活。一般而言,我们对于为了政治的设计更加熟悉,而不太了解政治性设计。我们对于政治在做些什么及其实现方式缺乏充分的描述与分析方式。对抗性设计的价值之一,便是对广泛领域的项目及其效应提供框架与讨论方式。对抗性设计既是通过设计之物从事争胜性工作的方式,也是一种以争胜性特质来解析设计之物的方式。

·争胜性的实践

争胜性的基础是承诺以争论与异议作为民主社会整体必需的、高效的以及有意义的方面。为了实现上述承诺,对抗性设计承担的争胜性工作则意味着,设计之物可以实现促进对政治议题与各种关系的准确认知、表达异议以及促使竞争的观点与论据等功能。在"百万美元街区"的项目中,监禁与城市发展的地图文档模式与作为设计之物对城市间资本与社会资源的分配问题提出了质疑及其隐性的判断。通过揭示政治议题及其关系的境况,对抗性设计能够为争论以及新的行动轨迹识别出新的术语与主题。

例如,超越了某种境况的字面意义(如"百万美元街区"),"百万美元街区"项目清晰化地再现了之前关于犯罪与监禁循环的模糊配置关系,更便于深入研究与辩论,并为今后的相关行动提供了关键立场。设计之物与该项目的诸多活动分别以微妙的方式挑战了人们关于犯罪数据使用方式以及制图做法等方面的常识,同时还就事实、理解力以及隐含意义等通常被遗忘在分析和再现环节中的元素提出了质疑。换言之,该项目催化或促成了以犯罪、居住环境、政策以及作为人工物地图的政策效应之间的相互关系为主题的有益讨论,并将上述要素整合、映射为同一进程。库尔干(Kurgan, 2008)似乎很好地意识到了这一点,她指出:

> 有了这个地图,我们便不用再讨论去哪里部署警力或为了某些常见的目的如何去追踪个别囚犯;相反,我们开始评估一个城市,甚至是某个城市街区的正义影响力,并且开始去测评我们的某

些民间机构一直在进行的隐形决策与选择。

"百万美元街区"项目(以及广泛意义上的对抗性设计)的设计目的不是要去实现一种容易识别的变化形式或案例,而是为了促进争论以及作为政治话语的某种实质证据。为了政治的设计试图在既定的语境下为既定的问题提供解决方案,另一方面,政治性设计则尝试去发现和表现构成社会境况的诸多要素。例如,DfD 的"选票与选举设计"项目是为了解决投票过程中的问题,而"百万美元街区"项目则是为了揭示并记录监禁与城市环境质量之间的关联。

尽管这里对当代设计项目的回顾存在着挂一漏万的风险,但将美国平面设计协会的"为了民主的设计"倡议与"百万美元街区"项目进行比较,仍然可以概括出为了政治的设计与政治性设计的差别,并显示出两者差异化的努力方向。如此一来,这种比较也为我们深入理解——到底什么才是实践争胜性工作的意义所在提供了视角。至此,我们对争胜性理论的背景得到了初步的理解,现在是时候回到设计之中,在当代实践的领域中去梳理对抗性设计的脉络了。

14 ·设计的多元主义

讨论设计时需要面临如下的挑战,即人们对设计既熟悉又难以言述。设计既与普通人所参与的所有活动相关,同时又指涉专业设计师所从事的专业活动。自21世纪初开始,由于大众设计传媒的活跃,设计领域出现了生机勃发的振兴迹象,公众的设计意识以及对设计的兴趣日益提高。这种对于设计的兴趣的表现之一便是,专业化设计与业余设计的分野日益模糊。在过去,两者的显在区别集中体现在所掌握的工具、人工物的技术复杂性或者对于设计之物的审美考虑上。但现在来看,这样的区别正在逐渐消融,每个人都能利用电脑端的出版与媒体软件,创造和编排图像、文字、声音以及动画。正如艾伦·勒普顿(Ellen

Lupton) 2006 年的新书《DIY：自己动手设计》(*DIY：Design It Yourself*) 为专业设计师与业余设计人士介绍了形式与构成的基本概念，从而提高了对各种人工物的审美品质。甚至，在诸如《制造》(*Make*)、《现成品》(*ReadyMade*) 等杂志以及"可指导"(Instructables) 等网站这样一大批新兴媒体的介入之后，之前电子产品以及批量化制造的商品所要求的技术复杂性也变得可控与普及化，这些媒体为缺乏专业培训的独立设计师提供了有效的资源。

与此同时，业余设计正在大量增值，设计的专业化边界也在不断延展。教育项目越来越多，大批的专业设计机构和学术期刊都在定期发布新的知识。设计相关的活动和主题越来越广泛，既包括我们常见的形式，比如时尚、工业、交互以及平面设计，也包括相对而言少见的形式，比如服务和组织设计等。当设计新领域常态化地出现，设计领域的实践范围也经常性变化时，越来越多的人将自己定位为设计师，或者被社会认同为设计师群体。

那么，当我们在讨论设计时，我们在说些什么呢？

著名的社会科学家赫伯特·西蒙 (Herbert Simon) 是最早一批将设计定位于与当代实践相关的广泛语境之中的思想者之一。对于西蒙而言，设计存在两个关键性方面。首先，设计是所有专业活动的标志，比如医药、政策、管理、过程以及建筑等，全都与设计相关。其次，设计与人工物有关（这些物如何可能？），而与自然（物是怎么回事？）无关，后者优先与科学相关。在《关于人为事物的科学》(*The Sciences of the Artifical*) 一书中，西蒙 (Simon, 1986：111) 给出了关于设计活动的经典定义："凡是在想方设法改变现状以达成既定愿景的人都是在搞设计。"随着设计实践与设计研究的逐渐成熟，我们对于设计是什么的想法也日益完整。2001 年，设计研究学者理查德·布坎南 (Richard Buchanan) 对于设计定义给出了他的版本 (Buchanan, 2001：101)："设计是为了实现任何个人或集体的目的，在构思、计划以及制造等方面为人类服务的人之力量所在。"与西蒙的定义类似，布坎南关于设计的定义在传统意

15

义之外拓展了对设计活动广泛范围的发现与认可。而且,两者的定义都强调出了设计以行动为导向的特征。

布坎南与西蒙分别代表了当代设计的两种对立立场:一方主张设计是或应该是科学,而另一方显然是相反意见。对于西蒙而言,设计作为科学,以及设计研究应该成为一种科学事业的观点非常重要。这种观念强调了设计师的决策过程,设计活动成果和影响的实证式研究,以及确定造成此类影响的因素等问题。这种科学式方式的所谓好处在于,设计实践者在设计活动与研究中发挥着更为精确和有效的作用,以及设计师能够提出基于事实而非假设的各种主张。与西蒙的科学方式相反,布坎南(Buchanan,2001)指出设计是一种实用艺术,关于设计的理解及其话语都扎根于人文学科语境而非科学语境。布坎南的首要兴趣是将设计塑造为修辞的当代形式,它的关注点在于信仰的传播并通过论证去推动行动的发生。根据布坎南的定义,作为修辞的设计概念假设,设计师"在我们时代崭新的生产力科学里,是修辞思维的代言人",设计学科则是"在塑造产品和环境的工作中被运用到的修辞原则和技术手段"(Buchanan,2001:187)。将设计塑造为修辞的意义在于,"从修辞的视角来认识设计,我们关于所有产品——数字的与模拟的、有形的与无形的——的假设,都是关于我们应该如何生活的生动论据"(Buchanan,2001:194)。基于此立场,设计实践与学术研究应该着眼于在设计过程与产品本身所传达或体现的论证及其建构与分析的方式。

本书的讨论语境,亦将建立在以设计作为一种实用艺术,并强调其修辞方面的属性上。但是,即使横跨了上述对立的立场观点,本书仍将共享某些设计的特质。无论是将设计作为科学还是实用艺术,以下设计的三个基本特征将众多的设计立场与实践统一起来。

首先,设计的实践延伸了设计的专业性。任何通过应用材料与经验,采取有意而为之的、直接的方式去发明或制作产品、服务来形塑环境的作为,都是设计。

其次,设计的做法具有规范性。设计规定了物如何可能或应该如何等问题。作为一种规范性的努力,设计与其他仅生产描述或解释的学科或实践差异显著。设计试图去形成新的境况或制造新的工具,从而更加理解或对现有境况施加影响。在此过程中,设计师与人工物及系统一起,共同对社会提出明确的主张和判断,并试图去塑造行动的信仰与方针。上述观念指出,人工物应该另有深意,并应试图提供达成非中立性变革的方式。将设计置于一种规范性的努力,从此打开了设计实践及其产品作为伦理的、道德的以及政治批评的可能性空间。

设计的第三个特点是,设计的实践让行动的观念、信仰以及能力成为可感可知的对象。比如,即使只向观众传递纯文本的信息,平面与信息设计也会对作为视觉材料的文本本身进行操作与雕琢,从而激发关于阅读、交流以及意义赋予的具体模式。这类基于计算媒介当代形式的文本数据处理方式可以追溯到 20 世纪早期的书籍、海报以及报纸等设计的案例。设计师本·弗莱(Ben Fry)的可视化工作便是其中的典型案例。弗莱利用线条、形态以及色彩等基本类型要素,以信息设计的方式去雕塑数据。其目标是提高公众对于科学信息的理解并制造出新的关联,甚至创造新的科学发现。他对于数据的创意化表达以一种相当新颖的方式延展了科学家所习惯的文献与沟通的标准形式。例如,弗莱(Fry, 2001a)将来自人类 21 号染色体的 13 万个字母,以 3 个像素大小的字体拼凑成 8 英尺(约为 244 厘米)见方的图像。以此,该图像可被视为以可感可知的方式来制作染色体数据的尝试,因此我们也许会发自内心地理解信息的意义,深刻了解到人类基因的复杂性与多样性。弗莱另一个称之为"等距单倍模块"(*Isometric Haplotype Blocks*, 2001b)的项目界面,则是更为典型的例子。该项目界面提供了六维视角的一组基因数据,允许用户在各个视角之间进行切换从而得到一种新的对比与比较的视角,其理想宗旨是为了推动新的科学发现。[8]以创造体验化形式为重点的趋势几乎蔓延到了从工业设计到组织设计等在内的所有设计领域。在每个领域里,作为体验效果的材料改变并反映了该领域的传统与设计师的技能,但是对设计实践的功能——让行动的

17

观念、信仰以及能力成为可感可知的对象——的强调仍然在所有类别的设计领域一以贯之。

就活动的范围（从时尚到医学）以及视角的范围（从科学到人文）而言，设计覆盖了当代文化生产的广泛领域。当我们在讨论设计是什么时，它指明既是一个领域也是一种实践。它包含诸如平面设计、信息设计、工业设计与交互设计等专业设计领域及其制造出来的产品。同时，它也包括那些业余设计师从设计领域或从相关领域汲取灵感的作品，以及那些参与了设计实践但并不自诩为设计师的人所从事的工作及其产物。这种设计的实践是一种含蓄的规范性努力，它构思并制造出了体验化的形式——包括人工物、系统和事件，从而塑造行动的信念与路线。因此，对抗性设计的独特魅力亦在于，它参与并实现了对政治议题相关行动的信念与路线的塑造。

· 批判性设计与战略性媒介

对抗性设计无法在文化生产的真空里存在，事实上对抗性设计跨越了各种不同的领域、主题、风格以及运动。因此，探究此问题的动机之一在于，为一系列似乎与争胜性主题相关的当代设计之物提供一种广泛且连贯性的描述与分析框架。批判性设计与战略性媒介是文化生产的两种模式，且体现出了对抗性设计的多种属性并引起了足够的关注。另外，批判性设计与战略性媒介也提出了关于艺术与设计交融的重要问题，并为澄清对抗性设计的理论构建的角色——作为思维与制作的工具，而不仅仅只是用来命名某种运动的方式——提供了机会。

安东尼·邓恩（Anthony Dunne）与菲奥娜·拉比（Fiona Raby）在20世纪90年代中期创造了"批判性设计"（critical design）的概念，用来描述那些以产品提出问题，在社会与文化中激发反响的设计实践。批判性设计现在已经成为主流，尤其是那些来源并实践于专业设计领域、通过设计之物来表达一种并非总是与政治相关的批判态度。正如邓恩与拉比所指出的(Dunne and Raby，2001：58)："批判性设计与高级时装、概念汽车、意识形态的设计宣传以及各种未来视角等相关，但其目的并非是呈现行业的梦想、吸引新的商机、预测新的发展趋势，或者试探市场。它的目的是在设计师、行业以及公共领域之间激发关于人类数字化媒介存在之审美品质的讨论与争论。它与实验性的设计完全不同，后者试图以进步和新奇审美为名来延展我们使用的媒介。批判性设计对媒介的社会、心理、文化、技术以及经济价值进行探索与表达，以此来扩大生活体验的边界，而不在于媒介本身。"

邓恩与拉比早期的批判性设计作品专注于信息技术。名为"赫兹故事 1994—1997"(*Hertzian Tales* 1994—1997，Dunne and Raby，1997)的系列作品，探讨了由于海量的数码与电子产品的出现，在越来越多无线电与电磁波的影响之下，人们的生活发生了哪些变化及其意义。此系列的产品原型故意采用了暗色调，体现了邓恩与拉比所谓的"设计之暗黑"的特点，以此讨论在主流的设计展览和产品新闻发布会被忽视的产品开发议题(Dunne and Raby，2001)。例如，"法拉第椅"(*Faraday Chair*)，看上去是可以容纳一个人身体大小的琥珀水族馆，为逃离无线电波的影响提供了栖息之所，表现了无处不在的无线电波及其对人体未知的影响力，就好像是"远离了电信与电子辐射的持续轰炸的休息寓所与新的梦想之地"(Dunne and Raby，1997)。邓恩与拉比近期的作品则聚焦在对于生物技术与机器人的未来使用及其潜在影响，她们仍然采用产品原型的方式提出，由于技术的介入我们正在或将要遭遇的体验与生活变化的相关问题。"这是你的未来吗？"(*Is This Your Future?*，2004)项目，探讨了家庭生化能量生产的可能性，包括从已死亡动物和人类废弃物的循环利用来采集能量等；除此之外，"技术之梦系列：第一期，机器人"(*Technological Dreams Series*：*No. 1*, *Robots*,2007)则探索了人类与机器人互动的替代方案，比如神经质的或生活贫困的机器人。[9](译者注：该项目探索了"如果机器人具有情感，会发生什么？"的问题，并设计出了带有特定情绪的各种机器人原型。)

"战略性媒介"是一种用来描述那些利用新技术生产人工物、系统和事件来批判当代社会的多样化作品及其实践的术语。此外，"战略性媒介"同时也是跨界艺术、设计及其产品的新型实践的案例。媒介理论家大卫·加西亚（David Garcia）和吉尔特·拉文克（Geert Lovink）1997年对"战略性媒介"的定义是："这是对当代数码技术持有积极态度的艺术与行动主义的结合形式。"与批判性设计隐晦的政治立场及其未经解释的政治意义的特点不同，战略性媒介旨在提出一种公开的、明确的政治视角，有时甚至是争胜性态度。丽塔·雷莉（Rita Raley）在《战略性媒介》（*Tactical Media*，2009：1）一书中讨论这类政治行动，她写道："这些项目并不旨在制造宏大的、彻底的或者是革命性的事件；相反，它们旨在参与到对微观政治实践的解构、干预与教育中。"这些微观政治跨越了媒介与技术的边界，采取了从表演到软件再到工作坊等在内的多种形式。例如，名为"批判艺术团"（Critical Art Ensemble，CAE）的集体便创作出了大量与生物技术相关议题的装置与表演艺术作品。在与艺术家比阿特丽斯·达·科斯塔（Beatriz da Costa）和克莱尔·潘地科斯特（Claire Pentecost）的合作中，"批判艺术团"2002年至2004年推出了名为"分子入侵"（*Molecular Invasion*）的装置作品，表现了转基因作物的主题，比如由美国著名农业生化公司孟山都（Monsanto Corporation）开发的玉米、大豆和油菜植物。该装置由在植物工厂环境里显示的多株植物、解释性材料（墙上的文字和交互式的计算机亭）以及参与式科学剧场的事件再现——艺术家与学生一起在剧院空间里表演试图去反转孟山都工厂工程过程的剧情。[10]再举一个例子，一个名为"应用自治协会"（Institute for Applied Autonomy，IAA）的团体，2001年推出一款名为"我见我明"（iSee）的软件应用，该软件在地图上标示出所有纽约城已知的监控摄像头位置。它允许用户通过指定起点与终点的方式，规划出一条"监控最小化"的出行路线。[11]利用互动地图的功能，iSee软件为用户提供了清晰且熟悉的功能（路线规划），提高公众对于无所不在的监控这一问题的重视程度，同时公然地为公众提供了一种试图规避监控的方式。

批判性设计和战略性媒介为探索以设计表达争胜性的方式提供了刺激因素，使公众能够更好地理解、描述并分析这类作品的政治本色。批判性设计与战略性媒介也将艺术包装为潜在的主题。对于某些人来说，批判性设计更接近艺术，而且显然从艺术实践与历史中有所借鉴。而且，当战略性媒介也成为艺术时，是否能从对抗性设计的视角来阐明观点呢？

艺术与设计之间的张力由来已久。现代设计诞生以来，艺术与设计便开始常规化地互相借鉴，并同时努力维持两者间的差异。"设计艺术"（designart）一词，曾被拿来描述那些产自于交叉领域的作品，正如艺术批评家亚历克斯·科尔斯（Alex Coles，2007：10）指出的："所谓形式，不过是一种变化倾向，而非固定的运动或类别。"然而，除了努力刻画艺术与设计领域的差别之外，允许两种实践相互交叉、混合才会产生出更为高效的作品，这一点已然成为当代文化的特征之一（Coles，2007）。在本书中，艺术作品——作品一词代表了既是艺术家的作品，又或者是被批评家和理论家归纳到艺术的文化类别之中——与对抗性设计的探索实践交织在一起，就像这些作品本身与设计实践相互结合一样。同样，借鉴了艺术的设计作品也没有受到任何歧视。甚至可以说，这类作品表达的主题既不是来自于艺术作品也不是来自于设计作品，而是关于如何以对抗性的方式来做设计。

对抗性设计是理解、描述以及分析一系列物与实践的理论知识框架。批判性设计与战略性媒介是两种当代的实践类别，其产物能够被定性为争胜性实践的作品。但并非所有的作品都能归纳到以上两种实践类别。比如，前文所提到的"百万美元街区"则既非批判性设计亦非战略性媒介。因此，对抗性设计并非只是某种运动或流派的名称（或重命名）。它为表征和讨论实践及其产物提供一种方式，这些实践及其产物突出了争胜性的特点，并跨越了多重运动或流派。声称某些设计之物确实从事了争胜性的工作并非关键所在，这类探究的重点在于阐明

20

它们是如何实现争胜性目标这一议题。但是,要准确回答对抗性设计如何实现了争胜性,则需要更多地对其特殊性进行分析。为了获取这种特性,其中一种方式便是聚焦于某种特定的媒介,并进行适时计算,以及对原始媒介的进一步探究。

· 计算与对抗性设计

在各种媒介和形式之中都能发现对抗性设计的例子。丝网印刷海报、赛璐珞影片以及钢制雕塑所表达的争胜性属性与电脑动画、数码摄影以及虚拟世界等的表现能力相当。20世纪争胜性作品的历史包括了所有设计与艺术领域审美表达的形式与媒介,既包括达达主义和未来主义的拼贴作品,也包括超现实主义者表现日常生活的雕塑手法,还包括20世纪60年代、70年代以及80年代格拉普斯设计集团的海报,以及当代建筑、人工物以及以表演为主的艺术家克里斯托夫·沃迪斯科(Krysztof Wodiczko)的作品。[12]正如争胜性主张的多元性政治立场,对抗性设计也要表现在多元性的媒介与形式之中。

尽管,关于对抗性设计的规定属性在于其功能发挥的方式而不是其形式或介质,但设计的介质与形式也是设计活动以及设计之物体验的中心内容。抓住这些设计的媒介或形式,对于深入地描述与分析设计之物与系统来说是必不可少的关键步骤。从某些方面来说,这是一种常识性的概念,特别是有关于艺术和设计的讨论。即使绘画和雕塑的主题类似,也很少有学者会认为观众面对绘画和雕塑时会采用相同的观看方式,或产生相同的效果。同样,一把普通的锤子与一把气锤在钉钉子方面的功能差不多,但在其各自的设计过程、使用体验以及发挥功能的机制等方面却存在着各种明显的差异。因此,即使争胜性作品可以借助于任何媒介来完成,不同媒介作品之间的类别和质量也都存在着差异。

本书的侧重点在于利用以计算作为媒介特性的设计之物和系统。

着眼于单一媒介的目的是为了在描述与分析中开发一种介质的特性。这种对于媒介的关注,来自于多样化且不断交叉的学术研究,而且选择计算作为焦点也是当代设计实践与设计之物的基础。因为这两个主题——对于计算以及媒介特性的关注——构成了探讨对抗性设计的框架,因此在开始研究对抗性设计之前,有必要先对上述两个主题分别进行简短的介绍。

·为什么要关注计算?

当代设计的三个因素促发了对于计算媒介的关注。首先,尽管设计已经延伸到技术的领域,设计与技术也一直存在本质的亲密关系;其次,计算是当代一种活跃的科技领域,跨越了实践与形式;第三,通过计算制造出的人工物与系统形成了独特的属性并值得进一步地深入解读。上述三个特点这里只作简要的介绍,留给接下来的篇章进行详细的讨论,包括上述因素各自的成因、它们互相结合的方式,以及与政治的密切互动等。

很大程度上,对计算的关注实际上具有历史延续性,与制造产品、服务及其提供的体验等设计领域中探索技术可能性的做法相似。尽管技术并非设计的唯一可能,通过梳理设计史,我们也可以看到设计与技术之间存在本质的亲密关系。设计的实践以及设计形式多样化的发展通常与某个时代的主流技术相互呼应。设计与技术的关系互惠互利:设计可以看作是实验以及驯化技术的一种方式,技术的能力与限制也往往规定了设计活动的范围并定义了其面临的挑战。设计与技术这种天然亲近的关系可以追溯到我们今天所知的 20 世纪初现代设计的开端。对于构成主义以及那些在包豪斯的先哲而言,机械自动化的机器实现的批量化生产既是时代的技术特征,也规定了当时现代设计的基本特点。[13]从事设计既是与机械自动化的机器一起合作,也体现出对机械自动化机器的反思能力。人们注意到,机器既是一种制造新形式的

22

工具,同时也成为一种组织化原则定义了当时的现代文化。

将技术同时作为设计的工具与主题的做法一直延续至今。20世纪之交,机械设备或者机械化构成了设计主要的技术关注,但在今天,计算机或者更为准确地说,计算媒介才是主流技术。在这一历史时刻,计算媒介成为设计研究的显学,因为它形塑了设计实践,并构成了设计发明的主要部分。计算媒介涵盖了多样化的组件,包括算法、语言、协议、硬件、软件、平台以及产品。为了理解计算的媒介特性,我们需要探索这些组件赋予人工物和系统以独特属性的方式。对于当代设计研究而言,其基础工作便是理解以计算媒介做设计意味着什么这一问题;与其他媒介一样,计算媒介也具有其独特的属性。包豪斯的设计师们致力于理解自动化机械作为设计的独特表达方式及其能力与限制,今天的设计师、艺术家以及学者则要试图去理解计算作为媒介时,它与设计的关系到底如何。

信息学学者保罗·多尔希(Paul Dourish,2001:163)指出,当迷人的计算逐渐成为一种媒介而不仅仅只是工具时,"意义的传达不仅是简单地通过数字解码,而是以计算方式——语义学和有效力——来活跃解码过程的方式"。因此,检验计算作为媒介这一事实,还需要理解并阐明这一"活跃过程"是如何发生的——也就是,设计师如何征用和利用计算组件(比如算法、语言、协议、硬件和软件等)的作用和限制去制造某些随之而来的独特表达形式与体验。对于对抗性设计而言,其任务是识别并描述计算的特质如何被用于政治目的,及其带来了怎样的政治议题。我们要继续追问的是:"计算媒介主要实现了或激发了哪些模式的政治交换、表达以及观点?""政治性设计与计算技术的合作到底意味着什么?"

·· 媒介特性

对计算的关注虽然部分地是因为计算在当代设计中享有重要地

位,同时也受到在设计学术领域探究媒介特性的愿望所驱使。20世纪晚期开始便出现了一种跨学科的、以物为重点的转向趋势;与此相应地,设计实践及其产物也得到了越来越多的关注。政治与政治性议题经常性出现,有时候也正面遭遇了物的转向。两者的相遇为设计之物的精准分析提供了难得的机会,人们得以思考如下的问题,即既定的媒介如何被纳入政治特质,并如何影响设计之物表达自身或表达其被赋予的意义。

兰登·温纳(Langdon Winner)与布鲁诺·拉图尔(Bruno Latour)在科学技术方面的研究,以及简尼·班尼特(Jane Bennett)在政治理论方面的著作以一种跨学科的方法去探究物及其设计的政治属性为我们勾勒出了一系列主题与契机。技术哲学家温纳影响力颇高的论文《人工物具有政治性吗?》("Do Artifacts Have Politics?",1980)对设计、权力以及建筑环境之间的相互关系提出了一系列质询。在这篇文章里,温纳指出,由纽约城市规划家罗伯特·摩西(Robert Moses)设计的公路立交桥强化了种族主义的学说。据温纳所言,该桥的设计高度不允许公交大巴从桥底下通过,从而阻止了有色人种(主要依靠公共交通出行)到城市附近的沙滩游玩。自该论文第一次发表以来,众多学者基于不同论据对温纳的观点与立场展开了争论,质疑温纳观点在经验层面的有效性,因为该立交桥并未阻止所有到达城市沙滩的公共交通线路。同时,他们也拒绝承认温纳的理论立场是技术决定论的表现(Joerges,1999)。这些关于设计、权力以及建筑环境关系的基本讨论在今天仍在持续,超出了立交桥议题的范围,并延伸到所有方式的设计之物与系统的范围。这些争论的本质往往是为了确定权力何在的问题,是在设计师的意图之中,还是在人工物本身,抑或是在横跨了物质与社会关系的纵横网络中。

最近,科学研究学者布鲁诺·拉图尔(Bruno Latour,2005)提出"以物为中心的民主"(object-oriented democracy)概念,用来描述和分析当代政治的境况。在这类民主中,物成为了政治和政治生活发挥效应的

24

方式与媒介。正如拉图尔(Latour,2005:15)所指出的,"每一个物在其周围聚集了各种相关的差异化力量。每一个物都会引发新的理由去激活差异与争论"。对于拉图尔来说,物是参与并体验政治与政治性的方式之一。这一点与温纳的观点类似,但是拉图尔将温纳的说法进行了简单却重要的继承:人工物可能具有政治性,但是这些政治性会发生变化。人工物的政治性通过与其他物及话语的相互关系才能得以确定,而所有这些也都会随着时间和语境的推移而变化。因此,与温纳立场不同的是,拉图尔认为,人工物的政治性需要求助于设计师的意图表达,并认为行动者(agency)与效应作为人工物的内在动力与能力既是动态的也是偶然的,这一观点得到了学界的广泛接受。物与设计仍然具有政治意义和作用,但是这些意义与作用总是处于变化之中。

在其新书《活跃的物质:事物的政治生态》(*Vibrant Matter:A Political Ecology of Things*)中,政治理论家简尼·班尼特(Jane Bennett,2010)整合了拉图尔与吉尔·德勒兹(Gilles Deleuze)的观点,讨论了人类聚合物(assemblages)以及非分类聚合物的行动者问题。与温纳和拉图尔类似,班尼特在政治的讨论中提出物的概念,并指出物这一议题在政治理论中缺席了太长时间。她考察了众多聚合物的作用与效应,从电网到薯片,讨论这些聚合物运用并体验权力、影响力以及后果的各种方式。对于班尼特而言,以物和物质性为关注点对于改变我们如何对当代政治境况进行批判性反思与回应十分必需。正如她所言:"一种包含过多指责的政治,却又不足以培养出识别网络作用能力的行动者,对这个社会益处不大。"(Bennett,2010:8)在此意义上,对于对抗性设计的考察有助于补充班尼特的观点。为什么要提出"对抗性设计"? 是为了在设计语境中更为全面地引入政治理论,并发展出一种对人工物与系统的政治品质具有"后天识别力"的设计批评。

温纳、拉图尔以及班尼特这些学者的研究为物的转向及其政治属性与潜力提供了理论依据。但是这些学者并未直接提出计算媒介这一主题。要弄清楚如何通过计算媒介做设计并完成争胜性工作,需要了解数码媒介研究的相关领域。该学术领域考察软件和硬件等对象，并为我们了解利用计算媒介做设计到底意味着什么提供了新的路径。例如，1997 年珍妮特·默里（Janet Murray）的《全息甲板上的哈姆雷特》（*Hamlet on the Holodeck*）与 2001 年列夫·曼诺维奇（Lev Manovich）的《新媒介的语言》（*The Language of New Media*）被公认为此领域的权威经典文本，它们都指出了计算与计算对象能够定义称之为媒介的独特属性，并为以计算代码及其应用作为主题的软件研究的后续发展奠定了基础。除了软件之外，在 2009 年的《与光赛跑：雅达利录像电脑系统》（*Racing the Beam: The Atari Video Computer System*）一书中，作者尼克·蒙特福特（Nick Montfort）和伊恩·博戈斯特（Ian Bogost）提出平台研究的概念，用来进一步了解计算机以及电路和硬件的属性与能供性（affordance）如何影响计算机文化造物设计等问题。例如，他们考察了"阿雅达 2600"（Atari 2600）游戏平台的虚拟内存管理等硬件及其特殊配置的能力与限制如何影响游戏设计以及玩家的即时体验和对视屏游戏的期待等。

这些多样并互补的理论话语预示着对物、媒介及其相互关系等议题的重新关注，并指出上述议题是理解政治和政治性的重要途径。但是，如果要进一步整合拓展这些理论则需要更多的后续工作。提出一种以物为中心的民主只是正确的第一步，但它简单设置了探究过程的线路图。除此之外，还需要密切关注人工物和系统的设计特性，以及政治表达与效应呈现的多样性。对抗性设计，既是通过人工物和系统完成争胜性工作的方式，也是试图通过其争胜性品质来解读人工物与系统的方式。

· 探究之结构

为了更好地理解其政治特性以及计算媒介如何以新颖的方式去表达政治议题，我在本书中分析了一系列计算对象与系统的设计。为此，我将这些人工物与系统进行了分类，主要分为信息设计、社交机器人以及无处不在的计算三类。虽然每个类别内都有多样化的形式与功能，但每个类别也都分别强调了计算媒介的基础特征，同时突出了政治性设计的独特属性。例如，信息设计强调程序性（procedurality），借助程序性软件得以生成各种表征方式并实现政治图像，以及交互性可视化表达的新形式。社交机器人则突出具身性（embodiment），或者是物与环境的动态耦合，以及在此过程中提出关于人类与智能产品的未来关系等议题。无处不在的计算这一主题，则关注连通性（connectedness）以及日常物成为网络化计算对象的方式，实现了参与到政治表达中的新的可能性。这样分类的目的在于，更加接近设计学术领域的媒介特性这一议题。此外，每种类别的计算特性体现出了差异化的对抗性设计策略——分别是揭示霸权、重新配置剩余物以及接合的集体。通过探究这些类别及其策略，我的目标在于细数，当以设计实现争胜性目标时，计算对象与系统如何被人们理解。

第二章 揭示霸权：争胜性的信息设计

金钱和政治总是如影随形,财富也在民主政治萌芽的时候就开始施加其影响力。所以民选代表受到支持其竞选的个人、企业和利益集团的影响也不足为奇。随着数据获取变得越来越容易、信息传达的新方式不断出现,全新的计算机形态也得以更加详尽的描述,并以新的巧妙方式来呈现金钱与政治之间由来已久的纠葛关系。例如,计算机可视化项目"状态机器:行动者"(*State-Machine:Agency*,Carlson and Cerveny,2005)[1]描述了美国参议员与其竞选支持者之间的关系。(图2-1)在此数字化项目中,用红色或蓝色圆圈来表示参议员,具体所用颜色取决于他们的政治党派的从属关系,而圆圈的大小则由募集到的竞选资金总额来确定。屏幕上的圆圈根据三种不同的资金来源及其筹集到的资金数目来排列位置。每种来源通过一个加号表示,其大小取决于为竞选提供的金额总数。例如2007年,来自律师和法律事务所为所有竞选活动募集的资金达到了7.44亿美元,是筹集资金份额最大的一方,比公务人员工会筹集的793万美元要多得多。与其他来源(例如公务人员工会)相比,通过律师和法律事务所筹集的更多资金的参议员将会出现在离其代表加号更近的位置。通过使用界面菜单,用户可以选择不同的筹资来源的混合方式,从而呈现出不同的图像。每个新的图像揭示出参议员与竞选支持者合作方式的差异化模式。

在很多方面,"状态机器:行动者"都是作为一种计算机可视化项目而被大家熟知。它集合并渲染了一堆复杂数据;利用标准可视化元素例如形状、尺寸以及颜色来区分数据的重要性;通过简单的界面,帮助用户完成交互(通过操控变量,用户可以探索数据并且基于其兴趣与需求去建立新的表征符号)。但是除了这些熟悉的特性与机制,"状态机器:行动者"的某些独特方式使之成为对抗性设计的典范。首先,为了

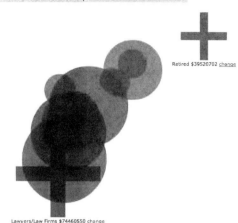

图 2-1　马克思·卡尔森（Max Carlson）和本·考文尼（Ben Cerveny），《状态机器：行动者》（2005），http://state-machine.org

表达其明确的政治立场，它与传统的可视化方式——作为某种科技手段而假定不存在任何偏见——大相径庭。这种政治立场其实从其标题中就能马上感受到。在计算机科学中，状态机器是一系列介于输入、输出以及行动之间可能存在的行为关系模型，在这个模型中，系统的状态是可知的、可储存的，并且可以通过程序上的方法来运行。因此，"状态机器：行动者"的主题在指出某种既定或期望概念的算法过程与特定政治状态的运行方式之间建立了联系。为了促使该项目的主题能够被清晰地理解，可视化桌面的开篇这样写道："金钱推动着美国的政治体系。"

政治立场并非只能借由话语这种方式来表达。政治立场本身也是可视化的完整部分之一，前者只是通过可视化的交互特质才能得以表现。用户通过点击和拖拽某个象征圆圈便可以把某个参议员暂时地拖离资金来源，但只要释放光标，圆圈就会弹回某处，其位置由它与选定资金来源的关系以及它们的相对贡献来决定。可视化的设计不仅仅是简单地显示数据,它还形象地呈现了数据之间的关联,以互动的形式说明了政治家与其位置相绑定的概念,而位置由那些赞助他们资金的人来决定。

诸如"状态机器:行动者"的可视化项目,是一类象征着计算式信息设计的独特计算对象。它们值得重视,因为它们已经成为了表现计算媒介最易识别的形式之一,构成了相当主流的设计活动领域,超出了其在科学领域的起源,计算机可视化已经成为人们熟悉的文化形式。在大众视觉媒介里,例如在印刷品广告和电视新闻节目当中,它们已经成为一种说明的手段。在某些网站,计算机可视化已经从解释性的支撑材料上升为内容本身。例如纽约时报,开发了一系列新型的自带"新闻故事"的计算机可视化工具。"为名字命名"(*Naming Names*,Corum and Hossain,2007)[2]的可视化工具便是其中一例。这种可视化工具允许用户在2008年美国总统选举初期,用来探究在民主党和共和党的辩论中谁提到过谁。通过与可视化工具的交互,用户可以逐渐发现候选人之间的引用模式。在参选人被提及的引用里,用户可以对引用内容进行推敲并深入理解。通过对信息设计技术和计算机能力的结合,"为名字命名"暗示着一种新闻式的可视化概念。[3]

除了在新闻媒体的应用之外,计算机可视化作为审美要素或是作为学习、娱乐或反思的工具也嵌入到其他媒体形式之中。当代的电影,尤其是那些科幻小说风格的电影,经常会使用计算机可视化以及其他形式的信息设计作为视觉道具,这也成为当代技术美学的重要内容。就像设计批评家皮特·霍尔(Peter Hall,2008:122)所说:"正如1999年《黑客帝国》(*The Matrix*)电影中所描述的,著名的信息渐进式面纱已经成为了我们这个时代具有决定性意义的能指之一。"可视化与计算式信息设计的美学和实践呈现出信息富足的文化时刻,设计师面临的挑战是操作具有社会或文化影响的信息,并使其充满意义。

因为计算机可视化和计算式信息设计已经成为常见的文化形式,设计师和艺术家正在试验希望能从新方向去拓展信息设计的背景、内容和用途。比如 2006 年戈兰·列文(Golan Levin)等人的"回收站"(*The Dumpster*)项目[4]抓取了上百万个网络日志当中与分手相关的内容进行可视化,并允许用户自己去浏览这些时刻,以及乔纳森·哈里斯(Jonathan Harris)与塞普·卡姆瓦尔(Sep Kamvar)2005 年的作品"我们感觉良好"(*We Feel Fine*)[5],也是从公开的个人博客中收集了表现情感状态的词句并以悬浮气泡的形式呈现,再让用户自己去分类并组合这些感受,并统计人口数据形成不断变化的情绪表达。凭借其视觉与交互方面的创新性,这些可视化工具值得关注。它们消弭了艺术与设计之间的区别,因为艺术家参与到信息设计的实践之中,而设计师也将机械式的通信方式改变为作者式的表达。此外,它们还扩宽了信息设计的范围,不再只是代表客观事实,而且还试图表达主观情感。这么一来,设计师和艺术家同时进行的实验项目,利用并解读了指向新目标的信息设计及其形式与过程。

这些由艺术家和设计师所完成的实验项目都内涵了明确的政治意义:它们揭示并记录权力机构及其影响力的网络。这一点在"状态机器:行动者"项目中得到了清晰体现,它勾勒出一整套由特殊利益集团通过竞选资金来运作的金融势力。在这些作品当中,艺术家和设计师利用了以决定性争胜为目标的计算机的主要特质。由这些主要特质与政治关系所代表和执行的战略将是本章的主题。

·计算机的信息设计

信息设计是赋予数据相应的形式,以使数据变得有意义的设计实践。在这个背景下,数据就是原材料。数据可以有很多类型,从跨越因特网的数字流到传输到大脑中的电刺激。但这样的数据并没有、或是极少有与它相关联的意义。对比之下,信息是已经有结构与形态的数据,它被翻译和情境化,从而使之成为理解或行为的基础。信息设计的实践往往以渲染数据活动为中心,同时包括双重渲染的意义,一方面作为加工数据活动的渲染,一方面作为创造图像或表征意义活动的渲染。

与传统设计一样,信息设计超出了任何单一学科的限制。它属于综合领域,包括平面设计、写作与技术沟通、信息科学、认知科学以及计算机科学。信息设计的产物也不尽相同,包括活版印刷、排版、文本、图表、插图、纪实摄影、地图和可视化效果。信息设计的实践反映了社会当中信息整体的结构和角色:信息设计的做法和形式也反映了数据特性的变化。随着 20 世纪晚期和 21 世纪早期的数据传输,消费的媒介以及数据的物质性都已经发生了变化,信息设计实践的方法也随之改变。计算机已经影响到数据处理与形成表征的方式,同样也影响到数据的表征特性。理解计算式信息设计实践并理解以计算表现设计的意义,便需要我们去识别与了解计算机的主要特质。正是这些特质塑造了信息设计的实践本身,并为争胜性的表达提供了特殊的能供性。

·计算媒介与信息设计

在《可视化数据》(*Visualizing Data*)中,设计师本·弗莱(Ben Fry, 2008)提出了计算式信息设计的过程,总共分为七个阶段——获取、分享、筛选、挖掘、表征、优化以及交互。这个过程能足够有效地指导实践者通过解决众多计算式信息设计的难题。它为数据处理提供了一个弹性的操作框架,这些是从弗莱在利用计算作为信息设计媒介的实践中得来的丰富经验。但是对于实践设计师以及设计学者来说,要理解这一过程还需要补充对计算特性的理解,一方面计算是作为操作的框架,另一方面计算成为设计的独特媒介。

对于计算和信息设计的这类讨论,这里主要关注数字媒介研究,其中关于作为媒介计算的充分讨论已经完成了。这是部分地因为,媒体研究的成果及其关注的既定媒体的特点,不论是广播、电影、电视或是数码,都已经得到过非常彻底的探讨。把这种关注延伸到确定计算特质的工作当中,一方面既要理解到底是什么确立了媒介的本质化区别,₃₂

同时也要避免将媒介的讨论本质化,这是非常有价值的尝试。

借鉴数字媒介研究,凸显计算式信息设计特点的三个主要计算特质分别是,程序化、转码,以及将网络作为其存储、访问和转换的平台。在计算式信息设计中,这些特征一起以新的方式把数据渲染成为信息并产生新的表达形式。将网络作为存储、访问和转换的平台,使得数据中的巨大差异被消除并形成相互关系。转码使得这些数据得以转换并跨越各种各样的格式;程序化使得通过代码编写来执行上述转换以及算法上的结构呈现。

程序化这个词指的是计算的操作特性:计算通过执行一组符号操作的规则来工作。这些规则大多是以软件,或更通俗的说法是以代码来呈现,使符号间的关系更形象化,并确定这些规则怎样被执行,从而确定既定的计算表达其能力与形式。对许多数字媒介的学者来说,程序化是计算媒介的基础。对珍妮特·默里(Janet Murray, 1997:71)而言,程序化是数码环境的四个基本属性之一,她还认为程序化是"执行一系列规则的(计算机的)定义能力"。对伊恩·博戈斯特(Ian Bogost, 2007)来说,程序化是计算的中心,是计算媒介表现的一种新修辞形式的基础,也就是他所谓的程序化修辞。莫莉和博戈斯特两人都认为程序化是计算媒介表达能力的首要因素。正如博戈斯特(Bogost, 2007: 5)所说:"计算是呈现,程序化在计算层面来说则是产生那种表达的一种方式。"

虽然列夫·曼诺维奇(Lev Manovich)没有用到"程序化"这个概念,他的"新媒介之物"的观点也指向程序化。曼诺维奇(Manovich, 2001: 47)认为新媒介之物通过程序"受制于算法的操纵",接着他还认为程序化是"新媒介史无前例的最基础的特质"。事实上,曼诺维奇的观点呼应了当时计算媒介以程序化为中心的热潮。曼诺维奇(Manovich, 2001:47)通过一系列基本原则进一步发展了新媒介之物的观念:数字化呈现、模块化、多变性、自动化以及转码性。其中,转码——新媒介之物由一种格式转化成另一种的能力——在计算式信息设计的实践及其产品中尤其突出。例如那些集成了空间数据、图像以及用户生成的原创内容任意数量的交互式地图产品或基于定位的服务等。[6]这些产品和服务可能都是通过代码的共享结构而产生，以及把各种数字内容编织在一起的后续能力，并将文本字符串、地图的矢量图与图形及图像的动画位图等动态集成。这样的转码过程基于并表现了曼诺维奇另外的四条原则。因为数值象征和模块化，转码得以实现；通过转码，计算对象的可变性得以表达，日益表现为自动或半自动的方式。

最后一点，当前信息设计实践的时尚主要通过以网络作为存储、访问和交换的媒介来实现。通过巨大且多样的数据库，因特网同时作为一种数字数据的存储库和传输数据的媒介已经对计算式信息设计的实践造成了显著影响。共享图片服务、文本对话、社交网络等都是数据的源头。股市活动的新闻报道、环境状况以及天气情况也都可以实时地或接近实时地呈现。许多由政府机构和非政府组织建造的数据库也已经可以利用，涵盖了最广泛的观点，从中央情报局的"世界事实录"（*World FactBook*）[7]中关于国家和恐怖组织的数据库到"绿色和平组织'黑名单'"（*Greenpeace Blacklist*）[8]数据库中注册的渔船以及从事非法、无管制以及非上报的捕捞的渔业公司等。除此之外，还可以购买商业数据库，因为成本而非内容是制约获取原材料数据种类的因素。正如亚历克斯·加洛韦（Alex Galloway, 2007：566）所说，因特网作为"巨型数据库与可抓取、扫描以及解析的输入流"的用途构成了一个独特的方法论，它的特点是对计算媒介主要特质的关注，即"数据的基本可变性"。将因特网作为存储、访问和交换的创新性功能也因此是计算式信息设计的特点，并提出了以计算做设计在其他方面的意义。

总的来说，程序化、转码以及网络作为存储、访问与交换的媒介是计算媒介的主要特征。要完成计算式信息设计需要对这些特征具备敏锐的理解力。不管谁运用本·弗莱的七个阶段或另一种信息计算的模型，程序化、转码以及网络作为存储、访问和交换的媒介，以新的获取、组织、转换以及呈现数据的方式影响到了信息设计。在大多数情况下，

34

信息设计的用途和目的仍旧是一样的,即为数据提供结构和形式,促进人们理解不同于新闻媒体和科学出版物格式的沟通方式。然而某些使用这些计算特质以达到政治目的的信息设计,呈现了争胜性信息设计的可能性。

·揭示霸权

"状态机器:行动者"的可视化项目演示了设计师和艺术家如何将计算与信息设计的实践与形式结合起来,并通过新的方式渲染数据实现政治化表达。这样的计算式信息设计的人工物与系统便是争胜性的,因为它们揭示和记录了当前社会中互相建构、维持以及发挥影响力的关联模式。更具体地说,它们参与了一种我称之为"揭示霸权"的争胜性战略,这一战略借鉴了争胜性的多元主义话语,在政治理论家欧内斯托·拉克劳(Ernesto Laclau)和钱特尔·墨菲(Chantel Mouffe, 2001)的著述里尤其典型(Laclau and Mouffe, 2001;Mouffe, 2000a, 2000b, 2005a, 2005b)。

霸权的概念是争胜性多元主义的重点。在《霸权与社会主义策略》(*Hegemony and Socialist Strategy*)中,拉克劳和墨菲(Laclau and Mouffe, 2001)在安东尼奥·葛兰西(Antonio Gramsci, 1971)著作的基础上重新评估并修订了霸权的概念。对葛兰西来说,霸权是一种阶级斗争。他试图去理解为什么共产主义改革没能更为广泛地展开。葛兰西认为,在这种资产阶级执政的情况下,统治阶级的观念被工人们通过包括学校和有影响力的媒体在内的社会结构吸收了。葛兰西认为,这些社会结构引诱工人去支持资本主义制度并忽略——从葛兰西的视角来看——可能对他们更有利的思想或行动。因此,"霸权"这个词的广义定义是某个集体以社交操控来获取从属团体默许的非暴力途径来主导另一个集体的方式。

拉克劳和墨菲的研究为霸权概念做出了两大贡献。首先,她们反对葛兰西理论从阶级方面来定义霸权这一体现马克思主义思想的本质主义。其次,她们以一种开放弹性的话语方式来重新定义了霸权,即霸权式的实践以自由和灵活的方式将历史、思想以及意图都汇集在一起,并从多样化的视角转变为以问题为导向的意识形态。

从争胜性多元主义的理论角度来看,霸权并非一种固定的最终状态,也不是一种单向度的矢量(从强大到服从)。相反,霸权是一种灵活而有活力的网络,它将各种相关的因素、行动、意图和对象整合在一起并随时处于动态之中,它形成于压力之下并向多重位置施加反压力。这种霸权观点试图克服霸权,并通过参与正在进行的对当前霸权行径的揭示与记录,将争胜性工作转移出来,从而得到检验与质疑。

识别并生成霸权势力及其已知的方式是争胜性多元主义话语的重要环节,因为它能有助于人们发现并标记政治景观中的站点与主题。同样地,通过设计揭示霸权的策略为进一步的争胜性工作打下基础,不论是采用设计还是其他方式。**揭示霸权是暴露并记录社会影响力的策略,也是社会操纵发生的方式。**设计师和艺术家可以使用计算式信息设计的形式来呈现并预演人、组织以及实践之间的各种资源的关联与流向,另一方面,这些资源不仅构造了当代社会亦在其中发挥了影响力。这样一来,他们使用计算的主要特征作为一种生产人工物与系统的媒介,得以创意化地表达并对当代霸权的多变且动态的结构予以回应。下面将会重点解读两个案例,分别是社交网络可视化与软件插件。

· 社交网络可视化:绘制霸权组织图标

社交网络分析是一种调查同一社会背景下不同角色之间关系的研究方法。这种分析方法可以被用来检查任何社交关系网络及其交换。它可以调查一所高中学校的八卦模式或者是跨学科的引文模式。社交网络分析的重点不是关系和交换的内容,而是识别和呈现那些关系与交换结构的过程。

在社交网络分析中,分析活动和视觉形式相互影响。这种方法产生了一种能够排序并描述特定语境下特定社会行动者之间关系的可视化,这样一来它还使得这些关系及其各种排序得以记录和研究。社交网络可视化通过编撰系统中各种行动者之间的关系来呈现,标示出关联点,往往还给那些关系以加权(代表性的数值)来表示任意两个或多个行动者之间的联系强度。各种算法和软件包可以用来处理这些关系,并生成对行动者排布的描绘,以使得它们与其他行动者之间的空间分布,以及与其他行动者联系的视觉质量显出意义,这对于考察行动者之间的关系状态尤为重要。[9]从生成的结果图像来看,研究者也许能对成员之间的关系远近做出判断,揭示个体或组织之间的可能被忽视的联系,或区分个体与组织的具体干预措施,以破坏或加强网络的力量。因此,社交网络分析及其相称的可视化使其自身成为揭示霸权的策略,因为它提供了一种方法与形式,切合了人、组织以及实践之间资源关联与流向的图表。

"规则"(*They Rule*,2001,2004,2011)[10]和"埃克森秘密"(*Exxon Secrets*,2004)[11]是乔希·昂(Josh On)以社交网络分析和可视化技术呈现跨企业与其他机构影响力的结构与模式的两个项目。"规则"(图2-2)是一个在线交互社交网络可视化应用,能使消费者探究《财富》杂志排名前100强的公司及其董事会成员在内的数据集。具体来说,通过这种可视化,用户能够生成勾勒100强公司的董事会成员及其交叉从属关系的众多图像。用户可能以企业、机构或个人开始搭建可视化平台。当某个公司或机构被选中,就会显示在屏幕上,并且用户可以选择浏览那个机构或公司的董事会成员,董事会成员会排布在图像面板的周围。点击董事会成员,画线连接所有由其投资的其他公司。用户可以继续探索每个成员。一旦网络图像被构建起来,用户便可以对董事会成员的显示关系进行操作:董事会及其成员累积得越多,图像就变得越庞大。用户还可以选择从一个个体开始,然后挖掘那个人与投资的公司之间的联系。除了对数据集进行自我探索,用户还可以设置自动模式

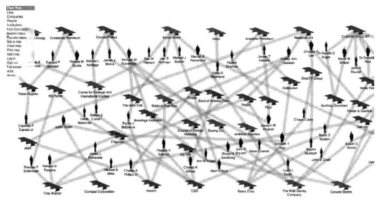

图 2-2 乔希·昂"规则",网址:http://www.theyrule.net. 该地图由用户斯卡克兹(Scackz)基于 2011 年版本的"规则"工具创建,该地图描述了石油与媒体产业的关系,起名为"油化媒体"(Oily Media)

找寻公司或机构之间的联系。通过选择菜单中发现的联系,用户可以挑选任意两个公司或机构进行自动研究,这个软件会生成一个可视化界面,展示那两个公司如何通过董事会成员产生关联。还有另一种交互模式,用户可以存储他们创造的网络地图,从而用于生成一种记录档案,该档案记录了公司董事会之间的结构与关联模式。

37

社交网络可视化项目"埃克森秘密"(图 2-3)与"规则"共享同样的软件代码,但专注于不同的领域。得到绿色和平环保组织(美国)赞助的"埃克森秘密"是一个社交网络应用,用来揭示并记录埃克森-美孚(Exxon-Mobil)石油公司在引发气候变化的争论、监管与立法方面的影响。该项目的可视化界面绘制了埃克森-美孚基金会为那些支持气候变化怀疑论的研究者、游说者和组织以及质疑气候变化的真相或重要性的人士提供资金赞助。这种可视化界面含义说明了埃克森-美孚基金会利用网络资助支持研究并努力搞好公众关系从而影响气候变化辩论,希望反驳以下观点,即在某种程度上气候变化是由于化石燃料的生产和使用带来的不利现象且会更加恶化。那么,"埃克森秘密"可视化项目的目的就是为了呈现塑造话语与行动之经济关系的复杂网络。

38

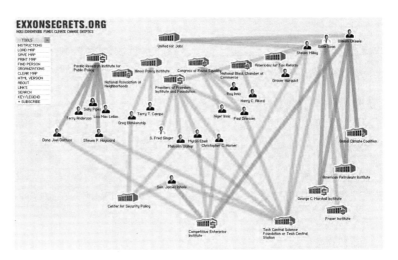

图 2-3 乔希·昂"埃克森秘密",网址:http://www.exxonsecrets.org/maps.php

按照赞助数目大小来分类,"埃克森秘密"项目的行动者包括科学家、演讲家以及各种组织。与"规则"中董事会和商务人士的图标不同,"埃克森秘密"使用的是政府大楼的图标(用不同大小的美元符号覆盖)和元首的图标(按性别和角色划分)。与"规则"一样的是,用户可以通过组织或个人来构建网络象征。之后,用户可以展示所有的与个体有关的组织。对每个个体或组织来说,用户可以查看一系列的详细信息,包括背景信息、值得关注的言语与行动,以及从埃克森-美孚基金会获取资助的时间轴。除此之外,与"规则"一样,"埃克森秘密"也包括一系列预制的可视化效果。

作为争胜性计算式信息设计的例子,"规则"与"埃克森秘密"图解了组织、个体与问题之间的关联,暗示出通过施加影响力这些关系形成了一种结构。在"埃克森秘密"项目中,这些关系很复杂,并涉及了众多气候变化主题交叉学科的行动者和事件。"埃克森秘密"项目中包含了事件与组织的细节,对"规则"项目的功能性进行了重要补充。它拓展了软件揭示霸权的功能,因为它允许用户针对不同具体议题并发展出差异化反馈时,能够识别出行动的模式。通过显示行动者、资源以及利益在可变配置中的排列关系,这类关系通常无法归纳为简单的或明显的模式,可视化界面表现出霸权的动态性和偶然性。例如,利用"埃克森秘密",用户可以查看和比较关于"气候管理法行动攻击"与"全球变暖立法行动攻击"的组织网络。有了这两个可视化工具,可以对个人与机构在整个事件中的布局进行研究,从而加深对气候变化整体的政治景观以及这些事件本身的理解。

通过为特定问题中的行动者与动机提供意见,"埃克森秘密"致力于呈现霸权,这种霸权聚集了来自多样源头的观念与意图。正如"埃克森秘密"所描述的,霸权不是一个基于阶级区隔的结构或状态。相反,它反映的是组织的状态以及问题的补充——在这个案例中,用于反对与气候变化相关的研究和立法。组织及其附件的概念,与所谓的阶级、地位甚或政治党派等概念还不一样,它描述的是对霸权的当代性理解。因为它们的正式性特质,社交网络的可视化效果特别适合于呈现这些联系以及相关问题资源的顺序。此外,通过给交互性提供简单的可视化功能,这些项目同时还建议在当代社会的霸权构造及其实施中提供更为动态的视角。

"规则"项目作为第一个实例出现将近十年之后,艺术家与设计师依然继续使用社交网络分析和可视化界面来检视霸权。然而,随着语境与计算媒介能力的变化,计算式信息设计及其争胜性变量的过程与产物也随之变化。要创造"规则"和"埃克森秘密"这类项目,就要求对表征背后的数据进行研究、定位与组织,然而如今这些数据更容易获得、被格式化以及从网络上查阅。越来越多的工具能够更加自动地或至少程序化地进行视觉格式化并进行数据演示。对于计算式信息设计而言,由上述因素的汇合所形成的混搭产物,是一种独特的实践方式与形式呈现,且具有重要意义。

作为形式的混搭概念来源于音乐领域,类似于混音:它是一种由已存在的部分混合制成的新的组合形式。[12]在计算式信息设计里,混搭则是指将至少两种来源的数据(任何类型的)汇集在一起并产生一种新的

40

形式或功能。在计算媒介的大部分领域中，所谓混搭指的是一种基于网络的软件应用，利用两种或多种数字应用或服务并借鉴其数据与表征集合去产生第三种、独特的数字应用或服务。混搭往往依赖于应用程序接口（APIs），它指的是程序员从一个应用或服务中获取数据来编写软件，并传递到另一个程序或服务的一系列接入点与交换技术。创建混搭的主要环节是利用代码来把数据整合成一种新的形式，并借助数字数据的延展性与互操作性——实现转码的计算媒介特质——来实现。

正如本章开篇时讨论的那样，"状态机器：行动者"的可视化项目，是通过混搭完成的计算式信息设计案例：它吸收一系列线上数据库以及其他资源，获取与它关联的数据，并将之呈现出来。另一个例子是斯凯·本德-迪莫（Skye Bender-deMoll）和格雷格·麦考勒（Greg Michalec)的"无影响"（*Unfluence*，2007）项目。[13]（图 2 - 4）与"规则"和"埃克森秘密"项目相似，"无影响"项目使用社交网络可视化与计算式信息设计来揭示机构、组织与个人之间的影响模式。与"状态机器：行动者"的可视化项目一样，那些网络和势力的影响力关系到运动的效果。事实上，不论是"状态机器：行动者"还是"无影响"，都是寻求利用计算媒介来促进政府提高其透明度的创新案例，并成为 2007 年阳光基金会（Sunlight Foundation）[14]主办的混搭程式竞赛的获胜者。"无影响"与"状态机器：行动者""规则"以及"埃克森秘密"的不同之处在于，其借鉴的来源以及探索能力的程度。作为计算式信息设计的成品，"无影响"充分体现了信息设计的程序性方法，并强调了有关图像在牵引政治方面的角色问题。

登录"无影响"项目的网页，用户可以指定州、年份、政府办公室（包括州长、州参议员、州议会大厦、州议会以及州最高法院）、捐献人群类别（包括政治行动的选民与游说人，例如会计、卫生专员、保守的基督徒或亲民演说家等），以及金额（例如高于 500 美元、高于 1000 美元或大于 10000 美元）等参数。接下来，即可点击生成图表，一张代表着在某种特

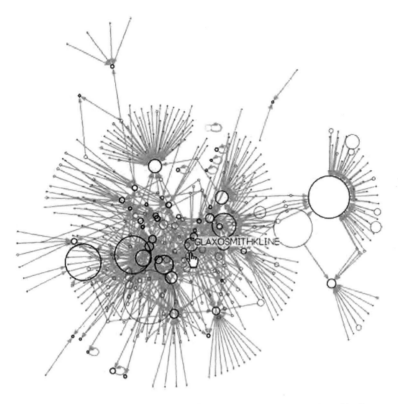

图 2-4　斯凯·本德-迪莫和格雷格·麦考勒的"无影响"项目，网址：http://unfluence.
primate. net

定选举和贡献程度的前提条件下，赞助候选人的社交网络可视化图形
就生成了。用户还可以继续研究可视化图表。代表赞助者的圆圈是绿
色的，圆圈大小与赞助者的捐助总额有关。从赞助者圆圈发出的箭头
标记着他们与参选者的关联。参选者的圆圈则要么是红色的要么是蓝
色的，这一点取决于他们的政治党派，其圆圈的大小则代表着从赞助者
那边获得的捐助金额。鼠标指向任何圆圈（即任何参选者或赞助者）将
会呈现该个人或组织的名称。点击圆圈则会展开一个辅助窗口，可以
搜索个人的投票记录或历史捐助记录的相关信息（如果有的话）。

　　通过对此设计过程内容的细致呈现，斯凯·本德-迪莫与格雷格·
麦考勒介绍了"无影响"项目可视化的生成过程：

42

通过你的搜索设置来进行查询,并发送到在州立政治(State Politics)系统中的国家货币研究院的 API,查看数据库并以 xml 文档形式返回一系列匹配的候选人名单。对每个候选人来说,我们都有一份捐献额度较高的赞助者名单,并可以排除任何低于你所设定的最低限额的赞助者。这个赞助者——接纳者信息被格式化为一个网络,(借助一款名为 ImageMagick 的图片合成软件)传送给"图像视觉"(Graphviz)项目一个可计算的节点位置并完成绘制。该图像稍后也会回传给你。当你点击某一个节点,我们会将查询内容发送给州立政治系统的国家货币研究院和"明智投票"(Votesmart)项目中以检查是否有关于那位候选人的可用信息(这需要一些黑客技术与匹配代码),包括在信息提示框中的链接。这些视觉效果将通过 script. aculo. us. 网站呈现。

这段介绍说明了计算式信息设计日益成为程序化获取、引用并结合数据实践的方式。这一过程的成品——图像本身——既不存在预设,也并未呈现出设计师设定的最终效果。相反,图像由数据产生,是数据与写入程序并渲染数据的代码两者的程序化表达。也就是说,设计师提供的形式并不是最终的图像形式,而是构造图像所依据的规则。这种表征生成的模式也是计算物与系统的特征,与媒介形式完全不同。正如博戈斯特(Bogost,2007:4)所说:"编程,是为了创建可以执行规则来产生某种表征图像的代码,而不是提交表征图像本身。"在"无影响"中,即使是网络图像的形式特性——所谓的外观与感觉——也是利用软件库的直接效果。

·政治表述的多样性

所有这些计算式信息设计项目开展的内容其本质都是政治性的,

它们都试图去呈现金融因素在选举、管治以及企业组织中的影响。这些可视化项目亦都属于争胜性设计,因为它们提供了了解霸权的途径,并使其变得可视且可知。不过即使在这一战术类型中,也还存在其他差异化的政治表达方式。

社交网络可视化并非天生政治化,但其形式本身却能实现霸权的可视化,因为它可以表征一系列霸权实体之间的复杂组织关系。宽泛地说,并不能依据是否征用了计算方式,就去判断其可视化的政治性。尽管"无影响"项目的设计比"规则"或"埃克森秘密"更彻底地利用了计算媒介的主要特性,但这一不一定使之更具有争胜性。事实上,与"规则"以及"埃克森秘密"两者相比,"无影响"引起的争议还要少一些。当用户查看"无影响"项目的网络图像时,其表征形式也没有体现任何明确的争议性。相反,"规则"以及"埃克森秘密"项目的网络图像,是通过视觉设计的方式赋予了政治性的图像处理。在"规则"以及"埃克森秘密"项目的设计中,通过图标和视觉箭头给网络行动者赋予意义并指定身份,以视觉化方式塑造这些角色并唤起角色的负面内涵,这些做法无疑便是政治化的表达。在"规则"项目中,加入越多的董事会,董事会成员就会变得越胖。在"埃克森秘密"中,从埃克森公司获得的捐赠越多,机构就要被越来越大的美元符号所覆盖。上述两个项目中互相牵连的图标通过可视化的方式,向用户清晰地解除了关于政治作用的疑惑。

使用可视化工具表达政治立场会导致对形式的偏重,因此需要将这些可视化形式与其试图客观表达的社会科学化内容区别开来。从争胜性视角来看,这些表达中的偏见是合适的,没有问题。在争胜性的多元主义中,那些向心性与中立性不可能实现,因为各种立场间广泛且多样化的差异是其政治境况的建构部分(Mouffe,2005b)。**对于争胜性作品而言,偏见是必须的。**争论的可视化工具不能只呈现事实。信息设计人工物的争胜性通过定义和呈现对立立场或实践的程度来实现。鉴于揭示霸权的策略既是为了记录霸权的状况,也是为了唤起并塑造未来的争论与行动,因此通过不加掩饰的偏见化视觉呈现,人工物与系统一起结合成政治内容,并表现为有力的质询。

"无影响"项目以及本章开篇介绍的"状态机器:行动者"都是概念性项目。它们是对阳光基金(Sunlight Foundation)旗下项目的积极反馈,并体现了社交网络可视化如何表现关于金钱与政治纠缠及其影响的架构与模式的相关意识。这些项目的重要作用在于示范,但值得注意的是,"埃克森秘密"项目还发挥了其他更多的功能。到目前为止,在所讨论的可视化项目中,"埃克森秘密"与公众关于设计实践的常识联系得最为紧密。"埃克森秘密"建构出了一种面向并适于超越项目自身语境的设计产物。作为通信的构成部分以及倡导型工具,"埃克森秘密"向人们解释了争胜性的信息设计如何适应广泛的政治背景。它展示了社交网络可视化如何在政治冲突的双方之间强化对抗的立场,比如关于气候变化的争论。可视化被用于一个特殊用途——为争论提供证据,即集合并整理了所有反对气候变化的研究与立法的势力。基于"绿色和平"组织的立场,可视化具备双重职责——既为那些已经关注这一问题并想了解更多关于网络影响的人们提供资源,同时对于那些对这一问题不甚了解的人们来说,可视化也是一种刺激,吸引他们并为其提供途径获得更多信息,或通过绿色和平组织采取相关行动。(图2-5)

"埃克森秘密"也提供了另一个案例,即程序化如何通过跨议题政治形式的复制来支持争胜性信息设计的实践。正如"无影响"和"状态机器:行动者","规则"这一项目也可以被认为是一种示范,因为它也是一个关于计算媒介激活政治潜力的有效案例。当可视化被用于多个政治挑衅目的时,这一潜力才能得到最为充分的体现。也就是说,当乔希·昂(Josh On)为"埃克森秘密"重新使用"规则"项目的代码库时,程序化能力表现得最为突出,从绘制财富杂志100强企业的董事会的机构图标,到绘制个人经营者及其相关机构关系的图表,这种转换相对而言较为简单。这就要求一方面对新的数据集进行访问和分析并设

图 2-5　乔希·昂"埃克森秘密"在美国绿色和平官网上的显示(2011 年),网址为:http://www.greenpeace.org/usa/en/campaigns/global-warming-and-energy/exxon-secrets

计新图标,另一方面,其核心结构和功能依然保留,在代码中运行,并且能被反复应用。这种程序化传输从一个有争议的话题转移到另一个有争议话题的反复实例化的策略与形式,是计算式信息设计的杰出特性之一。

·作为干预措施的拓展

可视化是一种常见且说服力十足的形式,但它们并非计算式信息设计的唯一形式。其他计算式信息设计的形式和实践并没有特别依赖可视化做法中常见的图像,因此其他信息设计的方式可能也能够揭示霸权。比如网络浏览器软件的插件设计。插件是一种拓展型的应用软件,可以安装并与另一个核心应用程序同时运行,因此借由插件的拓展,应用程序几乎能实现任何功能。例如,我们有可以阻止在线广告的插件,也有优化软件视觉效果的艺术美化插件,还有通过在线信息管理的辅助从而优化工作效率的插件。[15]大多数情况下,插件的用途比较简单,例如在网页浏览器的书签栏添加更多的分类,但也有直接用于政治表达的创新功能。

插件与混搭程式类似,都是利用转码能力:从一个程序或服务获取数据,并传输数据给另一个程序以产生新的功能。混搭程式与插件之间的主要区别在于前者构建了一个新的应用,而插件则是被嵌入另一个应用程序当中。这种嵌入性给设计提供了以不同策略揭示霸权的机会。可视化是从根本上关于图形化的描述方式,而插件则可以作为同时揭示霸权和将霸权处境化的争胜性干预元素而被广泛使用。随着插件在现有应用程序当中作为干预力开始运行时,揭示霸权的策略也得以拓展,并通过就地揭示的能力而被放大,将霸权本身与发生霸权的状况放在一起进行曝光。

由尼古拉斯·A. 克劳夫(Nicholas A. Knouf,2009)设计和实施的名为"军事学术产业园区聚合器"(*MAICgregator*)[16]的项目,是通过计算式信息设计(图 2 - 6)的方式进行干预的案例。MAICgregator 来自"军事学术产业园区聚合器"(Military Academic Industrial Complex Aggregator)的英文首字母缩写,"军事学术产业园区聚合器"是火狐浏览器的一个插件,其作用是揭示学术研究和军事经费的关系并将之语境化,"去对抗当今大学的霸权"(Knouf,2009)。"军事学术产业聚合器"插件的功能并非在于提高生产力或增加装饰性。"军事学术产业园区聚合器"在美国境内的大学网页里发挥干预作用,提供各大学所获得的军事经费等相关信息,并提供记录了某笔经费信息,以及学术研究与预防措施之间相关关系的网络外部文件的链接。"军事学术产业园区聚合器"不仅描绘霸权势力网络,它还提供了一种关于霸权的反思性调查。它揭示了当代大学机构中军事经费、研究、公共关系以及新闻媒体的混杂方式,并使这种揭示在该机构网站的审查机制下变得情境化。相比于类似"埃克森秘密"的可视化应用,是从问题外围出发呈现霸权的视角,而"军事学术产业园区聚合器"则是从内部提供了观察霸权的途径。

图2-6　尼古拉斯·A.克劳夫,"军事学术产业园区聚合器"项目(2009年),显示了南加州大学2009年获得的国防部经费资助,网址:http://maicgregator.org

在安装并激活"军事学术产业园区聚合器"插件之后,用户可以访问任何一所大学的网页,如果这所学校接收了军事经费,那么标题、简短的文字描述以及与经费有关的细节的链接将被插入到页面当中。根据插件的设置,这些信息可能会暗中替换不方便表述的初始内容。例如,某所大学主页上的新闻部分可能被"当前备选新闻"的新标题替换,并显现与那个机构相关的军事研究的公共关系公告的链接。通过调整插件的设置,用户可以允许大学代表人的图像被插入页面布局并替换现有图像。在某些情况下,文本和图像的更换几乎是无缝的,军方资助数据和代表人的图像被整合到现有的网页结构中,与初始预期的页面内容几乎完全一致。在其他情况下,这种辅助数据的整合并不顺畅,导致略显尴尬甚至混乱的页面布局。不论是在哪种情境下,通过"军事学术产业园区聚合器"来导航和加载网页的体验都会令人产生困惑，因为原始图像被替换成了尺寸与风格都不匹配的新图像，并且链接也被生硬地插入页面，意外地导致用户离开当前网页并转移到与那些晦涩难懂的研究项目相关的新闻页面上去。

　　"军事学术产业园区聚合器"同时也是计算式信息设计中的程序化数据渲染的另一案例。这里再一次强调，设计的活动并没有受限于某种特定和预设的表征，而是软件的创作结果，由规则组成，在执行软件的时候才能产生相应的表征形式。"军事学术产业园区聚合器"插件试图实现相对而言比较普通的表征形式。它被设计为与学术网站已有的格式这一既定的形式相互整合。这不是一个简单的设计任务。因为想要实现数据的筛选和整合，则需要对互联网数据的位置和结构有一定的了解。克劳夫和他的同事们在其项目纪录片当中详细介绍了这个过程。[17]简而言之，为了定位学术研究的军事经费的来源，"军事学术产业园区聚合器"在网上查找线索并对美国国防部门的经费进行了重点研究。数据的来源包括：USAspending. gov 网站关于经费与合同的数据库；DOD 小型商业技术转移项目数据库；PR 新闻专线（Newswire）数据库；基金中心990 探测器数据库；挖掘相关新闻的谷歌新闻搜索；以及定位代表人图像的谷歌图片搜索等。设计的挑战已不再是定位和检索数据，而在于解析与联系各种复杂的数据。也就是说，对于被转换成信息的数据，必须按类型识别它们并将之与特定的学术机构联系起来。最后，还必须解构学术机构指定页面的设计，从而将相应的信息整合到页面当中的准确位置。综合上述所有的过程便是"军事学术产业园区聚合器"这一插件的功能和体验。

　　与"军事学术产业园区聚合器"一样，"油标"（*Oil Standard*，Mandiberg，2006）[18]也是火狐浏览器的插件，它在网页上集成辅助信息，记录霸权社会境况中的各种联系与影响。如同"军事学术产业园区聚合器"一样，"油标"关注的问题主要也是经济，但是重点与内容稍有不同。2006 年由迈克尔·曼迪伯格（Michael Mandiberg）设计的"油标"插件,会将任何指定网页上全部数字替换为或增加上与货币数值等价的桶装原油。该插件的名称借鉴了黄金标准,它以黄金作为客观参考值来衡量货币的价值。这个项目明确了这里的货币标准不再是黄金而是石油,而且标准也不再是客观的,至少并不一定必须是黄金。

以油桶转化数字的形式在其他地方也能应用,而并不只是简单显示每日消耗的石油,"油标"将数据转换为更易被理解、更接地气也更有意义的内容。根据用户设定的偏好,要么整个网页上的美元标准价格被完全替换,要么石油标价直接显示在美元标价的旁边。这其中既包括在商业网站上购买的花费也包括网页上列出的所有金额。因此,当"2600亿美元"这一行文字出现在与国债有关的新闻报道中时,旁边的括号中便会出现此金额转换成的原油桶数。同样,当用户购买一本书或一部 MP3 音乐播放器时,该项支出也会被转换成原油桶数。

"油标"插件体现了另一种揭示霸权的策略,它拓展了记录行动的范围,亦可被定性为一种翻译行为,所谓翻译即等价虚构并表现了霸权的组成元素。通过"油标",翻译的过程从两个构成要素——石油与金钱——之间的等价换算开始,并向其中增加了第三种要素——消费对象(比如网页上的商品以相应的原油油价显示),(图2-7)这些消费对象以能被理解的方式落实和表现了石油与金钱之间的关系。在"油标"插件中,消费对象——不论是平装书还是 MP3 音乐播放器——都作为翻译要素发挥作用,因为它们都被转换为原油等价物。相对于原油价格,短期内日常用品的感知价值保持相对稳定。我们大致了解一部 MP3 音乐播放器以及一本平装书的价格与价值。通过将货币转换为原油,据此将消费对象的成本也转换为原油价格,用户会更加理解原油的基础价值并形成亲身体验感从而强化对石油霸权的体验,所有东西的价值都可以用原油表示并进行转化。

图 2 - 7　迈克尔·曼迪伯格,"油标",2006 年,网址:http://www.turbulence.org/
Works/oilstandard

　　作为争胜性信息设计的案例,"军事学术产业园区聚合器"插件与
"油标"插件均将技术优势与运用结合起来。在技术寄存方面,它们都
需要通过结合以及补充相应的软件才能运行,以实现新功能与新用途。
这种干预发生在数据和代码层面,因此使人们注意到技术性的,尤其是
计算的、具有政治诉求和影响的形式表达的可能性。虽然插件本身并
不具有内在的政治性,但这种特殊的政治表达形式在计算媒介之外也
不可能实现。这完全取决于程序化、转码,以及网络作为存储、访问和
交换的媒介才能实现。

　　这些作为干预措施的插件应用也是一种计算式信息设计的形式,
特别适合于表现霸权,它们能够体现利用计算特性唤起政治性的特殊
方式。正如拉克劳(Laclau)和墨菲(Mouffe)2001 年对霸权的重新定
义,这一定义动态性地集合了一系列不同观点的历史、思想与意图:霸
权就是势力与影响不断变化的配置。由于这些插件的技术优势聚集并
整合了附近的实时数据,因此具备了记录并表现这些动态与变化中各
种状况的独特功能。例如,根据研究、资金以及新闻周期的不同,"军事

学术产业园区聚合器"插件的效果也有所不同。随着大学项目的发展，开始接收资金，在公共机构与政府公关部门的资助下取得进展，并逐渐被新闻媒体报道，最终信息内容被整合到既定的大学网页及其变化中。透过"军事学术产业园区聚合器"的程序化镜头，根据资助单位的地位变化情况，同一版大学网页在 2010 年 9 月可能会与 2009 年 9 月体现出显著的差异。类似的情况在"油标"插件中也能看到。随着原油价格波动 iPod 的转换成本，《傲慢与偏见》纸质书，或者网页上任何其他以美元形式出现的商品价格都会有所不同。尽管这些商品的美元成本并没有天天变化，但是它们换算成原油的价值却总在变化之中。在上述两种情况中，借助插件技术优势创造的表现形式反映了各种势力与效应的变化构成方式，这一构成方式描述了人们对于霸权的当代解读。除此之外，计算式信息设计也被用于表现贯穿于日常生活与熟悉的社会制度中各种影响力的持续交互。

作为干预措施的插件还能搭配寄存器（register）一起运行。像其他形式的交互计算媒介一样，例如视频游戏，插件只有运行在网络浏览器的主机软件中时才能得以体验。[19]也就是说，用户只能在运行主体软件时才能利用插件返回数据或信息。换言之，需要真实地使用插件才能唤起政治性。这一点非常重要，因为在这些案例中，揭示霸权的行为反映了用户行动以及用户发现或定位他们自己所在的环境——例如，浏览学术网站或网上购物等。因为这些插件的效果取决于用户自身的兴趣、选择与行动，揭示霸权的过程变得个性化，并使自己具化为信息和商品的消费者。通过揭示场所并进行转译，技术优势与实际使用得以结合，霸权观念从外部势力的通用概念——类似模糊的幻影——转化为一种借由将用户自身转变为行动者角色的霸权体验。使用的概念为争胜性计算式信息设计增加了另一种思考维度，它提供了新的区分这些作品的方式——通过比较表征方式以及差异化的表演方式。

·表征和表演

本章呈现的所有项目都在致力于揭示霸权,但是它们在具体方法上存在关键差别。尽管它们都利用了计算媒介的特质来产生表征,但在程度上有所不同,其中有些项目设计出了霸权生成条件的系统,这一点正是这些项目致力于揭示的主要内容。这样一来,它们构成了对计算媒介来说独特的对抗性设计模式,并进一步说明了计算式信息设计实现争胜性作品的方式。

诸如"规则""埃克森秘密"以及"无影响"这些项目都生成了霸权的表征方式:它们图像化地描绘了网络的力量、影响力以及社会操控的手段。这些表征方式提供了记录在特定霸权条件下各种行动者的图解式说明,并允许用户去探索整个行动者集合的变量。例如,利用这些设计的界面元素(例如菜单和复选框),用户可以选择不同的公司、个人或项目用来构建可视化的结构。因为这些合成图像是以程序化方式产生的,所以有可能以相对简单的方式生产出更广泛的系列图像以及多样化的表征。利用这种功能选择各种行动者并产生不同的观点,这些表征方式开始呼应拉克劳和墨菲所谓的多样以及多面的霸权观念。通过这些表征,用户可以超越将霸权理解成单纯的单极势力的看法。因此,用户逐渐理解了霸权的构成,它是一种包含个人、组织、意识形态以及行动等多重要素的柔性混合物。用户甚至可以分析某种表征的视觉形式在何种程度上是政治性的,也就是说,这些表征的视觉形式在何种程度上清晰地表达了一种可争论的立场。

例如"状态机器:行动者""军事学术产业园区聚合器",以及"油标"等项目,均拓展了图形化描述的方式并开启了一种全新的模式。这些项目不仅生成了表征方式,还演练了其揭示的霸权条件。这些霸权条件是在用户与软件交互或使用软件的时候,经由程序化自动生成的。

再一次讨论"状态机器:行动者"这个项目。利用可视化凸显的政治立场,还要通过可视化的表达特性来具体呈现。程序化构建的可视化的软件强化了数据集对象之间的关系,并从视觉上形成、以联动式方式表现了政治家和金钱之间的关系。因此,利用数据与作品的算法结构以及交互的能供性,"状态机器:行动者"表现了当代政治发挥影响力的条件。当与可视化界面交互时,参议员在屏幕上的位置通过他或她及其选择的资助来源的关系来确定,参议员与其资助来源不可分离。虽然用户可以通过单击和拖拽鼠标把参议员与他或她的资助来源暂时分开,但是一旦用户松开按钮,圆圈就会马上弹回到原来的位置,因此,从程序上就表现出了政治家与竞选资助之间的绑定关系。

甚至不仅是"状态机器:行动者",通过技术格式,"军事学术产业园区聚合器"项目与"油标"插件也表现了它们试图揭示的霸权及其条件。通过与大学网站或消费行为的整合——也就是说,通过把这个项目与另一背景和行动整合——它们使得霸权的特征变成了普遍存在。例
如,如果用户用安装了"油标"插件的浏览器进行网购时,那么他/她满眼所见一定都是原油的价值。只要运行插件,所有商品的价值就不可避免地被转换为原油货币,由此表现出了石油的影响力包罗万象无处不在的观念。"军事学术产业园区聚合器"也将学术研究与军事资助之间的纠缠关系灌输给用户。这两个项目都以一种无缝式的美学策略来强化霸权的普及概念。[20]当国防经费或石油价格的信息以转码的方式被整合到上网体验中时,霸权将意识形态及其影响力编制到社会结构以及日常生活的高效方式便得以显见。

因此,"军事学术产业园区聚合器"项目和"油标"插件说明了信息设计与计算如何被汇集并用于构建新的对抗性政治表达形式。在这些项目中,霸权的条件和结构真正地被编码到设计里。而且,通过"军事学术产业园区聚合器"项目和"油标"插件,霸权成为最重要的表征要素。通过其呈现与普遍性,人们在其调节媒介中注意到了霸权本身。上述这些争胜性信息设计案例的运行方式与博戈斯特(Bogost,2007, vii)在视频游戏里提到的程序化修辞概念类似,他说道:"它们呈现了真实的以及想象的系统如何工作,……并且邀请玩家加入系统互动,并形成对系统的判断。"正如博戈斯特描述的这些视频游戏一样,这些争胜性信息设计的案例也是邀请用户来体验霸权生成的条件与结构,并形成自身对于霸权的理解,也许还能形成关于这些条件的评价与判断。

· 本章结语

在彼得·霍尔(Peter Hall,2008:128)2008 年的《批判的可视化》一文中,他号召读者将可视化视为"不只是已完成的人工物,还是一种与数据的组帧、收集、连接和排列有关的创造性过程",并"将它想象成一种批判化的实践:审时度势、重新制定知识的领域,并以新的、可替代的形式进行实验"。本章向各位介绍了体现争胜性政治成果的批判性可视化以及批判性信息设计的实践案例。就像墨菲(Mouffe,2005:25)指出的那样:"动员需要政治化,但是在缺乏冲突性表征的世界里政治也无法存活,因此需要反对意见,需要被识别的观点,在民主进程的范围内允许政治激情的贲张。"争胜性信息设计的任务之一就是为世界提供冲突性的各种表征。本章列举的案例描述了关于权力机构及其实现的有关主张,以及诸如竞选资金、企业领导、政策和环境、军事科研以及石油等争议性话题中的影响力等。

如果争胜性被当作政治问题的不间断努力,那么揭示霸权可能便是这种努力最基本的战术。作为一种战术,它的作用是让这些相互冲突的立场被人们更好地了解并能够更有效地用于争论。当我们考虑对抗性设计时,还需要追问,预定的人工物或系统是如何又是在什么程度上成为揭示霸权战术的一部分的?

回答这一问题,则需要研究信息设计形式与计算的主要特质结合起来渲染那些必然政治化的人工物的方式。如前所述,人工物与计算式信息设计的系统特别适用于解释霸权,因为计算的基本特征可以被用来表达影响力和社会操纵的动态化与相互响应的特质。正如这里讨论的那样，在争胜性多元主义的理论中，霸权并不能被归结为阶级差异或所谓强大征服的单向性关系。相反，应该从各个方面重新考察霸权的概念。正如霸权的生成条件通过与问题之间的关系被组织在一起因而是等级式的，所以揭露、记录、呈现以及表现霸权的方式也应该是等级式的。计算作为一种媒介呈现了政治霸权表述的独特能供性，因为它能渲染来自很多渠道以及不同格式、不断变化的海量数据。此外，计算作为一种媒介，还使用户以排序数据的方式来行使选择权。通过基本的交互性，用户可以探索和构建某种霸权的生成条件，或创建霸权的表征与性能，这些实际上也是用户自身利益、欲望，以及在某些案例中其自身行为的反映。

即使霸权生成的条件未知，揭示霸权策略的挑战之一便是要超越过分简化的祛魅形式。我们往往倾向于支持显示或陈述某物是重要的政治行动的简单假设。在某些情况下，这些假设可能是真的，但更重要的是我们需要去做得更多，而不仅仅只是激发人们对这一境况的一般意识。辨别为选举活动做出贡献的特殊利益团体与政治行动委员会，识别某些公司基于自身利益最大化而去支持某些政治主张，察觉大学与军事和情报组织合作共事，以及了解对石油的依赖影响了所有消费的模式和方式等，这些并不需要批判的能力。但是在简单地惊呼"霸权确实存在"之外，本章列举的案例还提供了揭示霸权的更多可能性。这些案例说明了计算式信息设计如何能用来以新颖的方式深度探讨和交流霸权生成条件的特殊性——生动地记录且提供了各种关联的证据，并展示了人、组织以及问题之间的资源流动关系，而这些不仅仅是对已知内容的简化声明。

55

第三章　重新配置剩余物：
与社交机器人的争胜性相处

　　无论是用来进行个人护理还是焊接汽车,机器人都是复杂工程系统的缩影。它们能统筹软件和硬件;统筹界面、交互和工业设计;横跨机械工程、电气工程和计算机科学等学科领域。它们采用先进的技术,呈现并用于不同的形式和环境中,在大众与科学的历史沿革中发挥作用。因此,机器人属于另一种常见的计算对象范畴,通过它可以探索以计算从事设计的意义所在。

　　然而,关于"什么是机器人"这一问题,其技术层面答案具有很大的争议性。在计算机科学与工程领域,该问题的答案具有学科意义,在运行诸如感知、情感和认知等重要主题的各种相互矛盾的方法之间存在明确差异。在关于机器人的定义方面,大多数的争论都能追溯到对"智能"(intelligence)一词的不同理解——这被认为是机器人的基本属性之一。传统人工智能(AI)领域的科学家通常认为,机器人需要具有符号操纵的能力以及拥有符号模型或具有表征世界的能力。[1]相比之下,另外一些赞同"新式人工智能"的科学家则认为,智能并不等同于符号操控,而且机器人也并不需要关于世界的模型,因为"世界本身就是其最好的模型……关键在于能否以适当的方式以及足够的程度对此进行感知"(Brooks,1990:6)。这场争论的关键在于是什么构成了智能,或者说什么东西才能算是智能,以及如何才能构建一种确认具有某些智能形式的、能被称为计算的人工物(artifact)或系统等问题。

　　但是,智能本身并不能回答"什么是机器人"这个问题。除了智能的属性,物质性也被普遍认为是机器人的基本属性之一。试想,一般认为虚拟的屏幕字符虽然带有行动者(agents)的属性,却不能因此将之认定为机器人,虽然它们可能都呈现出了智能属性;然而作为一些具有物理存在属性的人工物,例如烤面包机或真空吸尘器,即使只具备初步的智能属性,也往往被称为机器人。

在与设计相关的讨论中,这些属性可以合并为一种简单而直接的方式来回答"什么是机器人"这一问题。即当计算智能与人工物的物理性结合在一起时,我们便能得到所谓的机器人。计算智能与物理性的结合非常重要,因为它构成了具身性(embodiment),建构出人与机器人之间的可能化关系。这种具身性使得机器人成为一种独特的存在,从而与普通的计算对象区分开来。但机器人的具身性并不是偶然的结果,它是设计的产物。机器人的具身性是"智能"与"人工物"以何种方式被目的性地整合在一起的结果。

机器人种类多样,包括工业机器人、军用机器人、医疗机器人、服务机器人以及社交机器人。其中,社交机器人呈现出一系列迷人又尴尬的当代设计问题,以及由此带来的新的政治关切。借由在交互模式及其目的两方面的差异,社交机器人与其他类型的机器人区别开来。它们被设计用来与人进行交往沟通;在超越劳动或普通工作观念之外来满足人类的需求;并在家庭、卫生医疗机构或公共场合,与个人或小团队一起工作。大多数社交机器人与普通产品类似;作为在学术的、工业研究的实验室与消费市场之间、以阈限状态存在的人工物。但在各企业争相展示其最新生产力的未来消费品展销会上,社交机器人的数量持续增长。设计师正在探索与实验社交机器人新的形式与交互模型。而这些探索和实验却引发了很多政治问题:我们以何种方式设计人与社交机器人之间关系的特性,反映并强化了关于社交化意义的信仰,并设定了关于我们如何以日益亲密的方式与计算工具共存的渠道。

例如,名为PARO的小海豹疗法机器人,它是一种为数不多的、可以直接购买的社交机器人。[2]为了与人进行物理性的交互,PARO被设计装在一种抗菌皮毛里。通过发出与模拟动物相似的声音,它能对触摸、声音以及其他因身体位置改变而引发的变化做出相应反馈。它感知环境因素并据此调节其行为,例如关灯后它也随之进入睡觉状态。

它还能随着时间推移了解用户的偏好，并不断进行调整，用最愉快、有益的方式与用户进行沟通。抚摸 PARO 的动作能发挥积极行为的增强功能，它会记录抚摸发生前用户对它做的最后动作并随后不断重复这些动作。同样的，敲打 PARO 的动作也意味着消极行为的增强，它会记录在敲打发生前的最后动作并随后不再重复这些动作。隐藏在机器人皮毛下的是一些多功能传感器，它们可以监测光线、声音、触觉、周边物体的位置以及移动。传感器将数据进行登记和处理，尔后发送到一组马达并做出相应的移动，同时机器人皮毛表面下方的嵌入式扬声器也会相应地发出声音。当各种因素不断变化时（例如人群移动、阴影增强、音量增大或减小等），以及当各种环境因素的刺激一遍又一遍地重复之时，传感器也在不断地检测各种环境因素并进行深入加工，因此 PARO 机器人得以表现出高度的自动性和交互性。

PARO 这个名字是由"个人化机器人"（Personal Robot）这一短语的若干字母组合衍生而来，很快便被归为社交机器人。事实上，PARO 被其设计师称为"心灵承诺机器人"（mental commitment rebot），被用来引发用户情感反应以及其他依恋情绪。[3] 例如，在典型的使用场景中，PARO 被作为动物疗法的替代选择，通过提供认知和情感支持，以一种服务型或陪伴型动物的近似方式来发挥功用。其设计背后的潜在观念是，用户将和 PARO 进行互动并与机器人产生一种类似于人与动物情感的关系。[4]

PARO 不只是一个简单的小工具或是一个不起眼的技术样板。该机器人的项目开发曾得到了大量的资金支持与智力投入。研发团队从多重方法论视角来探究人与机器人的交互方式，以确定其心理、生理以及社会影响。[5]PARO 机器人是日本先进工业科学和技术国家研究院（National Institute of Advanced Industrial Science and Technology）研究小组的设计成果，其他个人或团队则参与到了与机器人相关的学术出版物的写作与研究工作。[6]该公司成功将 PARO 机器人从实验室搬到消费者市场,普通消费者通过 PARO 机器人公司就可以购买 PARO,根据最常见的指标判断,PARO 机器人与其他任何新科技产品一样具备真实性与合理性。

PARO 的设计为解决"什么是人与机器人之间未来关系的特性"这一问题提供了答案。通过形式、材料、行为以及表达的精心打造,PARO 的具身性组成了一组人与机器人之间特定的可能化关系。在其营销类的文献中,PARO 机器人公司对机器人设计与其意图引发的各种关系之间的联系发表过精准的观点(PARO Robotics U. S.,2008):

> 包裹于纯白色人造皮毛,通过与人类的物理接触,内置智能得以产生心理的、生理的以及社会效应。PARO 不仅模仿动物的行为,它还能对光线、声音、温度、触觉以及姿势做出反应,并随着时间的增长不断发展其特性。因此,它是一种受人喜欢的"活"宠物,能够为主人带来轻松、娱乐与陪伴。

通过上述描述及其设计,与 PARO 相关的例如"社交性的""生活化的"以及"陪伴"等诸多概念,既符合机器人的传统定义,也重新定义了何谓机器人。也就是说,一旦给机器人贴上"社交性的"标签,我们就对它们及其互动方式抱有相应的期许。同时,考虑到计算对象作为人们可能与之进行社交的实体性,"社交性的"标签亦呈现出了些许新的意义。

反思作为设计之物的 PARO 机器人,它的出现引发了我们对如下问题的思考,比如:如何使用机器人,以及在形塑人类与计算对象的体验关系时,设计应该扮演何种角色等。但是,PARO 并不属于对抗性设计的典型。PARO 机器人代表了哪些东西会被设计为对抗的属性,同时也象征了对抗性设计的作品在质疑、挑战与抵制的对象。在继续讨论设计争胜性的具体策略遭遇社交机器人这一问题之前,我们需要更多地关注社交机器人设计的政治问题。

·社交机器人设计的政治问题

科学研究学者露西·萨奇曼（Lucy Suchman，2006：239）曾注意到社交机器人一系列内置的政治问题，她指出："不过对我而言，真正令人担忧的问题并非机器人愿景能否被实现（尽管真正的资金将从其他投资中被释放转移），而是激发它们的话语与想象将紧缩已有的、关于机器人具有人性与理想化潜能的传统概念的空间，而不是挑战已有概念并保持开放的可能性。""紧缩"概念用在这里十分生动，它从字面上表达了关于"什么算是人与机器人之间适当与首选的关系"这一问题的界线与辩护立场。画出这些边界之线的方式通过设计来完成，即通过制造机器人以实现并制定诸如"人性和理想的机器人潜能"等特殊概念。萨奇曼不是在反对机器人而是呼吁人们去重视对于机器人设计前提的需求，并考虑替代方案。如果我们希望机器人为伴，那么究竟什么样的陪伴关系是我们希望它们能实现的呢？我们从这些机器当中将学到什么样的人类陪伴或社交性模型，并希望它能融入到设计当中？这些模型真的是我们想去模仿的吗？或者说，有没有别的因素也应该考虑在内并着手进行设计呢？

这里的设计问题并不在于机器人是否具有社交性，而在于如何实现机器人的社交性。这些方面的设计会强化人性中最原本与固有的概念吗？设计是否能够安抚这种仿真技术所带来的焦虑？或者我们是否可以认为争胜性设计能够解决这些问题甚至提出关于机器人的新理论？

让我们再来看看小海豹机器人PARO。借助视频演示、营销资料以及研究性论文，PARO的出现为那些需要治疗的人群提供了创新可行的解决方案。[7]但是对个人化仿真智能机器而言，能够提供精神慰藉功能的并不常见。[8]这个仿真智能机模仿的是与人类鲜有接触的动物。也许，这种陌生的情境将会使有些人对与PARO进行互动的意图感到困惑。但 PARO 的设计有效缓解了这种困惑的反应。长得像海豹一样的机器人本身便具有一种滑稽的效果，更像儿童的毛绒玩具而不是真实的生物。机器人的设计(比如模样可爱温顺又长有柔软皮毛、能够随意摇摆并发出叫声)以及用户与它的交互(如当机器人坐在他们腿上时可以抱住并抚摸它)缓和了这类从机器中寻求慰藉的不寻常情况伴随的惊诧感。PARO 的设计，物化和实现了一种人与机器人的新关系，更加令人愉悦、有所收获，而且相对而言不会伴生太多附加问题。

然而，人们如何与机器人联系并与之进行交互的问题还是存在。通过揭示与批评各种主流视角与假设，作为一种正在持续的多观念争辩，对这个问题的解决与探讨在对抗性语境里成为了一种对抗性的努力。(Mouffe，2000a，2005b)社交机器人的设计可以被解释为一个政治问题——同时也是一种带有政治特质的设计活动——因为通过塑造人与机器人之间的相处，与相处关系相关的预期与规范得以建立与强化。这些预期和规范存在着持久的影响。正如萨奇曼(Suchman，2006)的观点，预期与规范将会影响研究和产品的开发路径，而后者是由分配经费以及学术—市场设置的接受程度确定的。社交机器人的设计还塑造了我们如何理解诸如关怀等概念，反过来，又会影响我们如何发展其他的产品与服务。这一问题得到了科学研究学者谢里·特克(Sherry Turkle)系统的思考，她与机器人 PARO 保持着广泛的合作关系，并提出了社交机器人的出现对人类的意义以及对人类经验的本质等方面相关的道德和伦理问题。在某些案例中，这些问题体现出清晰的政治特性和影响，比如特克曾问道："为儿童和老人提供这类关系型的机器人是否意味着我们可以不再继续寻求照顾儿童与老人的其他解决方案了?"(Turkle，2006:2)

在本书已经讨论过的问题当中，这是一类完全不同的政治问题及其解答。尽管，社交机器人设计的政治特性并不像竞选资金或油价问题那样明显，但它们的政治特性却关系着我们和他人的私人关系以及设计如何塑造这些关系的问题。由于社交机器人仍然属于正在开发的一类产品,因此这些问题的影响以及设计所带来的结果更多取决于未来而不是现在。强调社交机器人设计的政治问题十分重要,因为它解释了设计如何能够在政治挑衅中保持先发制人的优势,从而在研究与开发过程中解决各种问题。真正的挑战是,基于社交机器人,设计如何实现争胜性目标?

·设计与社交机器人的争胜式相处

与社交机器人的争胜性相处,其作用是揭露机器人设计中的传统观点和假设,让含糊的问题以及已被排除的可能性能够重新被探究与批判。通过这类争胜性的交互方式,关于人与机器人关系的批判性观点得以浮出水面。因此,社交机器人的争胜式交互为设计的可能性,以及未来人类与机器人的可能性交互方式保留了开放空间,亦保证了设计参与方式的多元化。我把这种争胜性交互的设计尝试定义为"重新配置剩余物"(reconfiguring the remainder),这一提法既结合了露西·萨奇曼的"重新配置"概念,也参考了政治理论家邦妮·霍尼格(Bonnie Honig)的"剩余物"概念。

在《人机重新配置:计划与情境操作》(*Human-Machine Reconfigurations: Plans and Situated Actions*)一书中,萨奇曼(Suchman, 2006)提出把重新配置作为反思计算系统设计以及人机交互的策略之一。萨奇曼关于"重新配置"的概念来自于女性主义方法以及科学与技术研究,尤其是唐娜·哈拉维(Donna Haraway)的观点,她提出:"技术是物化成型的形式;也就是说,它们把东西和意义的集合体汇集为较为稳定的排列关系。"(Suchman, 2006:226)从上述观点承接而来,萨奇曼(Suchman, 2006:226)提出:"对于技术发展现行实践的干预形式,是通过批判式思考人与机器如何能在技术发展的实践过程中合理配置,以及在上述配置关系中,人与机器将会实现怎样的差异化特点。""配置"和"重新配置"等这些概念既指系统的技术组织,也包涵了关于人与技术系统的关系。

63

越来越多的计算系统和产品的设计通过配置成为一项创新活动。虽然计算系统的某些方面可能是新创建的，但最常见的是设计生产包括一些定制的配件、容量、能供性以及概念等，从而实现预期的结果。比如作为消费型的产品设计，苹果 iPod 就是一款配置型产品，基于手势交互、触摸屏展示、硬盘驱动的存储与访问等各种传感器配置在一起，并与个人移动娱乐设备概念相结合。同样，PARO 也是一种配置型产品，各种触觉、视觉、听觉的传感器、促动器、皮毛以及小海豹的造型，与治疗的概念等配置为一个整体。通过设计，每个特定的配置结构化了用户与人工物之间的特定关系。

基于萨奇曼的理论，我借用"重新配置"这一概念作为对"计算对象设计"这一说法的争胜性替代选项。通过争胜性的重新配置，对象仍然通过部件、容量、能供性和概念的定制布局被设计出来。但采用的是一种更为挑衅的方式，有目的地有别于熟悉的配置关系。重新配置的争胜性活动是将组件与概念，以意外的、夸张的或其他故意非典型的方式结合起来，从而实现一种在预期、人工物或系统以及体验之间产生的分离感。这种挑衅式的重新配置并不是偶然或随意的举动。相反，重新配置的行为促使人们从技术层面或社会角度重新反思配置的标准。它的工作原理是通过操纵这些标准以及强调那些被普通配置遗漏的部分，这里即被称为"剩余物"。

政治理论家邦妮·霍尼格使用"剩余物"这一术语来描述被政治排除的部分。这个术语指涉的是被制度、政策、法规以及理论忽略或遗漏的人、实践以及话语，试图制造出缺乏冲突或分裂性差异的某种共识。然而，在任何境况以及所有政治立场之中，总是存在被排除的对象。正如霍尼格（Honig，1993：5）所说，"所有系列的安排都受到剩余物不约而同的干扰"。所谓争胜性的努力便是去确定哪些内容被排除并追问其原因，以及弄清楚，重新纳入剩余物将会如何重构既定的境况或对象。

被排除的剩余物也可以指涉那些被忽视的、被遗漏的或者以其他方式从设计之物中被排斥的模糊议题以及除外的特性。重新配置剩余物是一种争胜性策略,将通常排除在外的对象重新纳入其中,给予特权并使之成为设计之物最明显的特征。针对社交机器人的例子而言,并不是要利用设计来加速人们对于社交机器人的接受程度或回答人与机器人如何互动的问题,而是要以重新配置剩余物的方式对社会一体化的过程给予反思性的停顿。

·具身性

社交机器人的政治分析与批判可以追溯到很多因素,诸如形式、功能、交互和体验等,都是设计和设计批评中老生常谈的概念。然而,这些因素是使社交机器人区别于普通计算对象类别主要特征的浅显表达。换言之,形式、功能、交互以及体验是机器人具身设计的结果或效果。要理解具身性在争胜性交互机器人设计中得到何种的处理——比如它是如何引发政治话题以及如何进行政治性解读——首先需要澄清的是具身性如何被理解为对象物的设计特性。

与程序性不同,这是一种很容易被归属于计算介质属性的特点,具身性却很难被定义为机器人的特性,因为它通常被认为是生物体的独特特征。具身性理论来自于现象学以及具身认知理论,结合人工智能等学科知识成为机器人研究的主要范畴。此外,具身性理论也与在这个世界上人类需要理解什么以及需要何种行动等问题密切相关。[9]机器人的具身性与哲学的以及认知科学的具身概念十分相似,都是关于作为整体的身体及其定义存在于世界的能力等概念。但在机器人的话语中,具身性并不局限于生物体:它也可以简化为非生物体的某种特征。

具身性的特定特征和效应是人—机交互领域研究的重点话题。机器人专家克斯汀·道滕哈恩(Kerstin Dautenhahn)便是处于这类研究最前沿的科学家之一,她的工作为理解超出生物体的具身性提供了非常有用的解释框架。正如克斯汀及其合作者所说,在同样适用于机器人或人类的情况下,具身性可以表征为"通过创造系统与环境间的相互

65

扰动的潜力来建造结构性耦合的基础"（Dautenhahn，Ogden，Quick，2002：400）。在其研究中，克斯汀一直非常关注从实验科学角度来理解具身性，并为具身性发展出了一套既具有可操作性又可以量化研究的理论框架，这类程度的具身性可以应用于经验性的比较，在不同环境中的差异化实体，以及具有的差异化能力与其能供性。从这方面来说，她已经开发了适用于任何系统中描述具身性状态的定义：（Dautenhahn，Odgen，Quick 2002：400）：

> 如果两者之间存在相互干扰的通道，那么系统 S 具身于环境 E。也就是说，如果每次 S 和 E 同时存在时的时间为 t，S 具身在 E 中，E 相对于 S 的可能化状态下的某些子集存在扰乱 S 状态的能力，而 S 相对于 E 的可能化状态下的某些子集存在扰乱 E 状态的能力。

即使目标并不是定量测量和具身性的比较，上述定义对于重新规范与具身性有关的普遍化概念仍然有效。这种定义有助于超越具身性受限于生物体的局限。正如上述定义中出现的变量，具身性是一种特定时间里的特殊结构。机器人的每个配置建立了一组不同的可能耦合，并与所处的环境保留着相互干扰的可能性。每种环境或实体在不同的配置方式中呈现出差异化的特定属性和能供性特征，从而产生各种具身性种类的多样性。将具身性从生物体独有的概念局限中拓展到人工物范围，这一做法具有重要意义，因为自此，具身性才能够被视为一种可以被设计——即通过机器人特定方面的选择和排列，包括硬件、软件、感知、处理、刺激的能力、形式以及行为特征——形塑或操控的属性。

但具身性的形式和结构本身并没有塑造与机器人的交互方式。我们还需要考虑具身性所在的特定语境。不同类型和体验的具身性意义取决于机器人所在的更为广泛的社会文化背景。家庭不是战场；服务类动物不同于宠物；海豹并不是常见的家庭型生物。所以，即使依据克斯汀的操作性定义,具身性还远非本原性的机械特质,而具有非常大的偶然性。具身性的不同配置或重新配置在不同的语境产生不同的人机交互,而且取决于某些情境中相应的预期与心愿。这里,我们再来回顾一下 PARO 设计的具身性——柔软的皮毛、呼噜的声音以及应对抚摸反馈的身体蠕动等。这种设计可能适合家庭、退休中心或医院等特定语境,但并不适合安抚战场上受伤的士兵。

因为具身性使得机器人成为独特的计算对象,它也成为争胜性设计中颇具发展前景的领域之一。经过设计的具身性及其随后的形式、功能与交互,超出了我们的预期,从而产生了不同于社交机器人设计规范的偏差。这些偏差带来的体验挑战了我们熟悉的、公认的机器人设计,并揭示出未来人与机器人关系的辩论主题。这样的设计与交互方式往往潜藏在交互设计与人机交互已有领域的范围之外。萨奇曼等人也已经开始关注到这类案例。[10]我的目的则是通过争胜性的框架来构建那些分析,以设计出一种社交机器人原型,以唤起人们对政治议题与人—机关系等问题的关注。

·诡异工程

布兰迪(Blendie)是一种能与用户进行交流对话的厨房搅拌机(Dobson,2007a)。[11]要与布兰迪实现互动,用户需要模仿普通厨房榨汁机发出的声音,同时借助电动机不断变化的速率,布兰迪则以机械式的方式渲染并重复发出这些声音来回应用户。正如项目说明中描述的那样,[12]用户靠近布兰迪并开始发出各种机械式的忽高忽低的叫声,从而引发布兰迪以或快或慢的电机转动来进行回应,随之产生相应的呼呼声。一来一往,布兰迪和用户间两股声音的来来回回以及不断变化与模仿,逐渐呈现出某种对话的模式,尽管这对话听上去十分奇怪(图3-1)。

在布兰迪与用户的交互过程中,用户开始改变自己从而变得更像机器以期引发搅拌器的回应。调整某个人的行为模式以引起别人的反

67

馈,对于有效交流而言是很常见且必要的做法。除此之外,人们往往调整他们的行为去利用或与机器进行互动——例如,靠近自动门时放慢脚步使系统有足够的时间注意到人的到来并做出相应的开门动作。对布兰迪搅拌器而言,这种调整却并不常见但值得注意,因为布兰迪要求明显地调节人类与机器的沟通模式从而有效实现机器行为及其功能。

图 3-1　凯利·道布森,布兰迪厨房搅拌器(2007a)

这个机器人式的厨房搅拌器及其交互方式的设计师是凯利·道布森(Kelly Dobson)。布兰迪搅拌器,是道布森名为"机器疗法"项目的一部分,这一项目的目的是"调整技术人工物以便探索其感觉与情绪的一面"(Dobson,2007b)。与 PARO 小海豹机器人一样,布兰迪搅拌器的设计目的也是用于治疗。但是这两个机器人的治疗目的和模式存在显著差异。PARO 的治疗目的是减轻人类的孤独感并修正明显缺乏的情感交流,而布兰迪则是为了对人类与机器人关系进行深入探索。对布兰迪来说,治疗的主题便是人与设备的相互关系。此外,通过道布森的设计而有所改进的治疗模式也与 PARO 形成了鲜明的对比。PARO 的设计旨在引导并支持一种平静的、舒缓的治疗体验,从而形成康复性的亲善关系,而布兰迪的设计则用于提供一种能够治愈焦虑与对抗的精神状态的治疗模式——也是精神分析领域的模型(Dobson,2007a)。

"机器疗法"(*The Machine Therapy*)是一种争胜性项目,最重要的是它提供了一种与机器人交互的替代性方案,而不仅仅只是缓解了人与技术之间关系的紧张与焦虑。纵观各种娱乐媒体,机器人通常以一种放大的方式来传达与探索这些紧张和焦虑。在很多关于机器人的电影中——比如《大都会》(*Metropolis*,1927)中的玛丽亚(Maria)、《银翼杀手》(*Blade Runner*,1982)中的戴克(Deckard)、《终结者》系列(*Terminator*,1984,1991,2003,2009)以及《人工智能:AI》(*Artificial Intelligence*:*AI*,2001)中的人造男孩大卫(David)等——机器人大多是对其身份及其与人类的关系持有争议的角色。在《大都会》中,机器人散发着极度诱惑又带有非人道的专制性;在《银翼杀手》中,机器人厌恶自身的存在;在《终结者》系列中,机器人从残酷的杀手变成了残暴的救世主;在《人工智能:AI》中,机器人则是一个被废弃的人形设备。以类似布兰迪这样的对象来探索紧张与焦虑沿袭了将机器人作为一种反思性他者的传统,但也保留了通过其他媒体形式无法实现的交互方式的可能性。此外,尽管机器人作为反思性他者的这一传统存在于各种关于机器人的文化表征形态中(比如电影、电视与小说),而在现实的社交机器人设计中仍然是非常的少见。

布兰迪将人与技术之间的张力赋予声音,在情感上操纵焦虑并呈现出不可思议的一面,布兰迪情感化地操控着焦虑情绪,并诡异地播放着人与技术之间张力的声响,因为通过对形式、功能、意图以及存在等现有类别进行干扰,"诡异"(uncanny)这一概念是探索人机关系特别有效的一种修辞方式。在《暗恐》(*Das Unheimliche*)一文中,西格蒙德·弗洛伊德(Sigmund Freud)将"诡异"的特性定义为熟悉的事物突然变得陌生的特殊体验,从而导致心理的恐惧感。(Sigmund,2003)[13]弗洛伊德在文中探索了若干关于"诡异"的案例及其涵盖的共同主题。常见的主题包括万物有灵论和神人同性论,或者生物属性、人性特质以及静物特征等。直到今天,那些科幻型与惊悚型电影仍然在继续着对这些主题的探索，而当前的计算系统愿景已经淡去。在《杀戮战警》(*The Shaft*, 2001)电影中，一部智能电梯对人类实施报复，在《鬼来电》(*One Missed Call*, 2008)[14]中，移动电话和数据网被恶灵操控。诡异之物的存在比复仇电梯或恶灵手机更为普遍，它们可以用来消蚀现实和想象之间的差异，"我们以为面临着现实之物，可到头来却被证明只是想象"(Sigmund 2003:150)。

借助"恐怖谷"(the uncanny valley)概念，诡异以特定的形式进入机器人研究领域。1970年，机器人专家森政弘(Mashiro Mori)指出，机器人变得越人性，越容易得到人们的接受。接受程度呈现出向上的曲线态势直到机器人几乎与人完全相似时便突然进入所谓的"恐怖谷"区域——这是一种概念空间，在此空间中，机器人与人类几乎完全相同，而差异和相同之间的张力却令人困扰(Mori, 1970)。大多数情况下，"恐怖谷"理论主要适用于机器人的视觉外表，但也并不局限于视觉方面。森政弘列举了概念具体化机器人的几种更为细致的视觉外观，包括仪态、行为以及交互等方面——诡异概念具有强大的颠覆性，并涵盖了各种具身性。尽管，视觉外表经常会诱使我们去判断对象的真实性或活性，但其他形式的具身性造成了"诡异"的体验。森政弘曾介绍过一个恐怖谷案例——与尸体握手。我们期望能够感受到对方手的温暖与柔软，但只得到了冰冷与僵硬的感觉，这种令人不安的方式违背了我们关于身体的概念与个人经验。尽管"恐怖谷"才刚开始进行系统化的验证(尽量多地进行各种验证)，但这一概念已在机器人学界流行了几十年。[15]总体来说，机器人的设计应该避免"恐怖谷"这一概念，尤其是当机器人的设计意图是为了用于与人类进行交互时，因为"恐怖谷"理论也被认为是阻碍人们接受机器人的主要原因之一。

在社交机器人设计的语境中，诡异是一种表征剩余物的主题和感觉。在社交机器人的设计中，人类总把机器人当作其他事物进行交互，而且机器人总是以个人化的、亲密的方式邀请人们与之进行交互，而人们在其过程中感受到的忧虑、困惑以及焦虑则通常被掩盖或排除。然而,从争胜性设计的角度来看,大多数研究人员和设计师试图避免诡异的原因又通常可以重塑为诱导它的理由。因为,与机器人交互的诡异性造成了智能产品与人之间令人困扰的关系,它们促发了人们开始反思人与机器人关系的本质和实体。

通过布兰迪搅拌器,人们体验并目睹了机器人疗法与人机关系的重新配置,后者改变了诡异性并创造出一种争胜性交互。之所以说这种方式是争胜性的,是因为通过设计,智能产品和人之间明显的焦虑与紧张得到了舒缓,并成为两者互动的基础。与布兰迪的交互并不是通过温和的抚摸动作来完成,而是通过冲它咆哮,再等它咆哮着回复这种激烈的交流方式。

通过设计机器人具身性,从实质上和经验上实现了这种重新配置。对布兰迪来说,道布森开发了适用于家用商业化厨房搅拌器的音频传感器与软件。音频传感器监控并寄存声音(当人们嘀咕以及抱怨这个机器时发出的声音),分析声音的频率与音调,然后将人类声音的属性转变为可被搅拌器发动机用来变速的数字变量,并作为布兰迪预设的声音。看起来可能是联轴器的简单形式,实际上并不简单。它为人们理解如何通过计算媒介设计来塑造具身性提供了精确的解释方式。(图3-2)正如道布森(Dobson,2007a:80)自己的解读:

> 布兰迪通过麦克风接收并在电脑上运行以C++编写的程序来处理人类与之进行交互的声音。该程序通过一个短时傅立叶变换(STFT)运算来检测主导音调,并通过该短时傅立叶变换对应的一个快速傅立叶变换(FFT)来寻找时域上频率的调制。如果它检测到与被预设为搅拌机马达粗糙声音逼真人声近似的某一个范围内的调制,布兰迪就会被以准确的电量通电,并高速运转起来,从而产生与人声相同的主导音调。电力通过给其供电的交流电路上的脉冲宽度调制(PWM)来调节。对于既定的音调而言,合适的脉冲宽度调制是从该搅拌器定制软件的巨大查询表中返回的。该软件可从搅

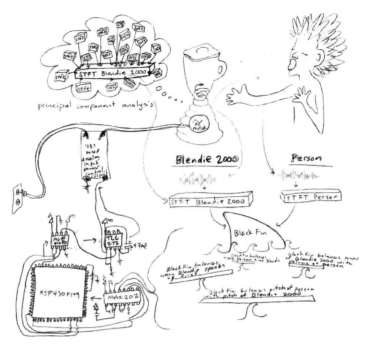

图3-2 布兰迪具身性设计的草图,凯利·道布森

拌器的声音中辨识出人声,从而避免布兰迪永远从自身得到反馈,因为人类模仿的搅拌机声音与搅拌器本身的声音相比非常不同。

通过有意图地重新配置从人类语言到机器声音的具身性标准模式,道布森的设计激活了诡异性。这一设计反转了人与机器的常见关系,以往人是(至少在理论上是)人—机关系的主导,而布兰迪的具身性设计是以机器为中心的。联轴器的基础属于机器术语而不是人性化概念。

这种具身性基础的转换引发了人们对人与机器人关系的关注。在争胜性理论中,关于我们与它们的概念——即关于我们人类和它们机器人——是建立差异和对抗立场的关键所在(Mouffe,2000a,2005b)。通过这些差异的范畴、信仰、价值以及实践之间的区别被组织起来进行综合表达。表达或实践这些张力范畴间的关系,是定义争胜性的冲突所在并表征了具体的政治境况。然而,社交机器人设计的各种范畴之间差异明显。并非我们与它们这种常见的差异,比如左派或右派的意识形态、自由派或保守派、或赞成或反对任何给定的主题,这里我们/它们的差异指的是,至少在最初阶段,人与机器之间的区别。这种差异导致的张力已经得到识别并成为首要的关注,即我们如何概念化人类、机器,以及这些概念化如何规定彼此并与彼此交互。

不仅仅是建立我们人类和它们机器人的边界和交互关系,对抗性设计中争胜性努力旨在探究并质疑机器人是否具有面向开放批判和重新诠释的政治意义类别。布兰迪的设计凸现出了诡异性的挑战与机遇,它已超出了是不是人类的问题,也超出了是否具有生命的问题。事实上,诡异性的交互方式改变了我们/它们之关系的属性,已超出了最初简单的人与机器的范畴。我们应该考虑的不是贸然限定那些范畴或者声称要分解它们,而应该考虑隐藏在范畴背后的特质,以及各范畴间的渗透性。对于社交机器人设计而言,其政治议题的关注点不在于肯定或否定人性,而在于人与机器人如何和谐共处。

72

·诡异的情感伴侣

随着计算系统复杂性的日益增加与可操作性的拓展,交互设计、人机交互以及人与机器人等已成为非常稳固的重要领域。这些领域集中于与计算系统的交互研究和塑造,为了更好地理解使用与意义制造的模式,从而设计出更有用、能用以及想用的系统。在人—机器人主流的交互研究和设计中,如同布兰迪等机器人的出现可被视为对上述基础假设的挑衅与质疑。回顾萨奇曼(Suchman,2006)关于"紧缩"(retrenching)的欲望与想象的思考,这种质疑很重要,因为它们挑战了与机器人交互模式的假设,并因而保持了设计可能性的开放空间,提供了另类的设计主题。

计算系统设计与使用的效率目标向我们解释了交互设计、人机交互、人—机器人交互的主题如何发展,在系统内如何被物化,面临着何种挑战,以及如何发展的具体方式。这些领域的常见做法是着手改善系统能力从而实现人与业界的合作。人机交互领域的历史早期,从 20 世纪 80 年代到 90 年代中期,对效率的强调主导了对交互领域中的可用性与实用性,以及便利性与方便性等问题的研究。效率诉求统治了交互设计和人机交互的主要目的,并针对其研究和实践的价值进行判断。从 20 世纪 90 年代末期开始,效率的单极重要性逐渐遭到了质疑,越来越多的研究项目与出版物提出了其他替代主题,驱动了计算系统的设计和使用。[16]因此在今天,"有趣的" "反思的"以及"愉悦的"等成为评价系统的常用筛选标准与主题。[17]这既不意味效率的主题得到了解决,也不意味关于效率问题的争论完全消停了。从争胜性角度来看,这一争论永远不会结束:一个人"需要总是变换立场,因为一旦在任何给定的立场上稳定下来,就会产生剩余物"(Honig,1993:200)。一旦旧的问题似乎得到了解决,新的问题或立场便会随即涌现,它们也都需要被解决。当对效率问题的挑战仍在继续,它便已经与其他主题产生了关联。于是其他有待解决的议题也随之出现,并成为争胜性干预的后续所在:社交机器人中最主要的议题便是情感。

机器人作为"伴侣"或"搭档"的主题(机器人学的话语当中,这两个术语常常互换性地使用)在机器人研究及其产品发展中非常流行。伴侣机器人是消费市场中最具潜力的领域之一,作为伴侣的机器人体现了大众文化中机器人的内涵,使它们成为市场营销和公共关系的新目标。PARO 便是这类机器人的例子之一。另一个例子是日本电气 NEC 公司的 PaPeRo。PaPeRo 这个名字来自于搭档型个人化机器人(partner-type personal robot)英文名称缩写,该机器人的设计目的是作为平台来研究家用个人化机器人的使用。与许多学术研究型的机器人不同,PaPeRo 看起来是非常完整成熟的消费品。它用塑料制成,颜色鲜艳、造型可爱,有着柔性的球形曲线以及大眼睛。在研发过程中,PaPeRo 的角色定义经过了多轮讨论与商榷。其中之一便是作为儿童托管机器人,作为孩子们的伙伴以及在各种育儿活动中作为帮助家长照料孩子的助手。[18]

除了 PARO，很少有机器人能够成为完备的产品从而面向个人或机构进行直接销售。大多数伴侣或搭档型机器人都处于研发阶段。不论像 PaPeRo 这样特殊的机器人是否能在不远的将来得到大范围使用，它的发展和建议性使用仍然是特殊世界观的明证之一，在这种世界观中，人与机器人在日常生活中亲密无间。伴随着这种亲密关系而来的是一系列期望与交互的标准。这些机器人的设计促进并实现了正在进行中的研究与产品开发的愿景。尽管像 PaPeRo 这种机器人并没有大批量的商业化生产，但它们还是架构了关于未来机器人的应有之貌。

在计算系统设计的历史早期，几乎没有考虑到情感因素，因为它并不能满足当时关于效率问题的迫切需要。随着愉悦和游戏逐渐成为近几年的主流话语，这种观点已经得到了改变。在伴侣机器人的设计中，因为我们预设了机器人应该是有效的伙伴，而情感总是占据了重要位置，所以必须考虑到情感的设计。"情感计算"(affective computing)这一提法由麻省理工学院的科学家罗莎琳德·皮卡德(Rosalind Picard)创造，来自于一项能够读取人类情感的机器与传感器的情感模型研究项目，现已经成为一种流行语。皮卡德(Picard, 2005:3)这样介绍关于情感计算的方法：

> 情感计算包括执行情感，因而能够有助于新旧情感理论的发展与测试。然而，情感计算也同样包括许多别的事情，例如赋予电脑辨别和表达情感的能力、发展其智能回应人类情感的能力，并使其能够调节和利用自身情感。

情感设计受制于类似那些涉及人类天性和机器智能的哲学辩论。这些辩论的定义影响了人工实体某些特质的复制或模拟。皮卡德试图通过强调情感的实用主义目标而不是情绪本体论的状态来回避这一问题。这样一来，她揭示了机器人的普遍立场，即将情感作为实现理性以及改善计算人工物和系统效率方式的必要条件。皮卡德(Picard, 2000:280—281)这样说道：

今天的电脑无法识别、表达或拥有情绪，从而严重地限制了它们的智能功能以及与我们进行自然交互的能力……因为"情绪计算"（emotional computing）往往意味着不受欢迎的、理性减损的计算机，我们倾向于选择"情感计算"（affective computing）这个术语来表示与情绪相关的、源自情绪的或故意影响情绪的计算。"情感的"（affective）仍然意味着情绪的（emotional），但也许可能会与"有用的、有效的"（effective）概念相混淆。

情感，在机器人尤其是社交机器人的语境里，被认为是调节机器人行为的方式，是一种面向人类表达的机器特性，以及调节人与机器的交互方式。普遍认为，在情绪模式的形式中，情感改善了机器人决策的能力，并且在表达手势的形式中，情感有说服力地塑造了人与机器人之间渴望的交互方式。

从争胜性角度来看，这种情感的概念是在召唤检验。在这种情感的概念中，什么东西被遗漏了？什么是社交机器人设计的情感剩余物？通过设计，可以促进哪些陪伴与情感的替代性经历？

奥姆（Omo）由道布森在 2007 年创造，与布兰迪搅拌器一样，它是一种具有新颖具身性形式的机器人。奥姆检测并响应人的呼吸模式，可以改变自身的结构从而表现出明显的呼吸动作。奥姆通过使用压力传感器来监测那些抱住它的用户的呼吸模式。有时，奥姆能与其伴侣用户的呼吸频率进行匹配；有时，它还能通过一系列可控的呼吸训练来引导用户，从而提供一种新的模式与其用户进行匹配。

奥姆和其他社交机器人间的对比弱化了某些关于机器人设计发展的假设，尤其是作为伴侣的机器人设计。最重要的是奥姆的形式——卵状造型、可发光以及橡胶质感。（图 3-3）与这类机器人的普遍设计方法相比，它并不可爱。它的外观与家养宠物的样子相去甚远，它不是毛茸茸的，也不具备娃娃脸的特征，比如大眼睛等。相较于 PARO，奥姆看起来像外星人，甚至与 NEC PaPeRo 有着圆嘟嘟的半蹲造型不同，奥姆的独特之处便在于缺少拟人化或其他的仿生特征：它既没有眼睛也没有嘴巴。道布森（Dobson，2008）自己的评论是，奥姆被设计得更像一个器官而不是一种动物或人类。[19]

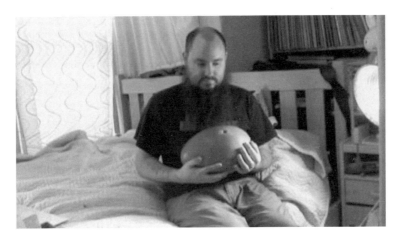

图 3-3　凯利·道布森设计的奥姆机器人（Dobson，2007b）

此外，以呼吸作为具身性的基础——即感觉的输入和输出作为源头——更增加了机器人诡异的程度。当机器人被赋予仿生的特征，它通常借助类似"形态""体积"这种常见概念的形式或者具体拟人及仿生特征而存在。例如，PARO 看起来似乎具有生命，是因为它的外观模仿了动物；PaPeRo 的人格化则在于其轮廓、眼睛在头部的位置与人相似。将机器人的具身基础与呼吸活动联系在一起，这是一种不太常见的设计策略，因为机器人的呼吸方式显然不同于生物体的，但又只有生物体才能呼吸，这样一来，便导致了人们对这款机器人产生了诡异的体验。然而，奥姆的诡异性并没有导致其计算对象特征的消失。它吸引人们反思什么可能是更为强大的情感关系这一问题，通过共同呼吸的经验，它提出了一种心理方面更加复杂的沟通与交流形式。正如道布森（Dobson，2008）描述的与奥姆的交互方式："当你拿着它，你会慢慢随之改变，就像你抱着另一个人开始一起呼吸。"即使与 PARO 的触觉交互进行对比，与奥姆一起呼吸的这一方式也显得相当亲密。此外，尽管

PARO 的设计是试图缓和与机器人相处的陌生感,但在奥姆设计中这种陌生感仍然存在;陌生感的确是与机器人相处的基本特性。

透明度和一致性通常被誉为使产品通过可预测的方式实现可用性的设计原则。奥姆的设计似乎有悖于这一原则:奥姆的行为以及与人的互动并不规范。有时候它用一种方式做出回应,有时则采用另一种方式。有时,它模仿人类伴侣的呼吸模式,有时候它又会突然显著地改变自己的呼吸动作。作为社交机器人,奥姆呈现了一种新的伙伴关系,以及不同于 PARO 或 PaPeRo 带来的情感形式。奥姆创建的伙伴关系并不完全是从属型的,它的非理性被设计为理想特征而不是与皮卡德的情感计算理论相关的缺陷。这里的剩余物是情感体验的非理性,奥姆的设计强调了原本被排除的情感特性。

· 争胜性物化

艾米与克拉拉(Amy and Klara)是由马克·博伦(Marc Böhlen,2006a)设计的一个机器人系统,由两个合成语音机器人组成。[20]据博伦介绍,这个系统的目的是为了探索对公开演讲规范的期望、制定和维持,以及当这些规范转移到那些模仿人类的非人类实体时,这些规范本身以及我们的体验随之变化的影响方式(Böhlen,2006a,2006b,2008)。在人—机器人交互研究领域探索这一话题并不奇怪。在这个领域,人们可以轻易地设想一些基于有效沟通或合作想法的社会科学实验,在可控环境中对清晰变量进行实验,从而得出实证研究的结果与设计指南。然而,博伦的工作情境并非如此。艾米与克拉拉既是试验性艺术也是工程项目,正因为如此,它并不需要刻意遵守传统的人—机器人交互研究的实践和议程。艾米与克拉拉不是通过常见的社交交互形式,而是通过人际交往的限制之一———咒骂,来探索与机器人沟通的预期方式。通过探索机器人与人—机器人交互的社会特性限制,艾米与克拉拉,类似于布兰迪和奥姆,都在挑战我们关于人—机器人关系的假设;然而,它也提供了一个与社交机器人相处的案例,这一机器人也通过具身性设计实现了争胜性的表达。

这两种合成语音的机器人艾米与克拉拉被物化为固定的粉色盒子,配有扬声器,并与对方进行辱骂与争论。(图 3 - 4、3 - 5)它们中的一个(Klara)说话带有德国口音。基于这些机器人对语言和辱骂所做的选择,博伦呈现了他对计算语音识别、语音生成和自适应对话的批判性思考角度。他曾这样解释道(Böhlen,2006a):

> 它不仅切断了人声与使人不悦的发声盒子两者之间的关联,它还提出了这些声音到底想对我们说些什么这一问题。合成语音识别的语言与合成系统是对我们的口头与书面语言所用的语言语料库的全面、丰富和杂乱的高度概括。没有语气词,没有问句,词汇的选用一般也都经过商业优化。

> 艾米与克拉拉的出现是在对充斥着粗俗言语的当下世界进行的审查。脏话为我们认识自动化语言表达以及社交机器人中暴露出的规范倾向的批判提供了有趣的渠道。为什么大多数智能小玩意和玩具都很友好俏皮,为什么它们往往被建模为宠物或家佣的形态?互相咒骂并争斗的机器人很可能为机器与人类共享的未来提供了一个更为真实的选项。

艾米与克拉拉的争胜性表现在很多方面。博伦在前面的论述中已经解释清楚了,这些机器人的目的就是为了质疑对于人—机器人沟通方式以及基于语言的机器人表达方式的基础假设。与奥姆和布兰迪一样,社交机器人的社交特性正在被更加深入地挖掘——适当且享有特权的交流方式是什么样的以及哪些交流被认为是不合适的且被排除于机器人设计之外。这个案例中剩余物是咒骂或者说是通常被认为是攻击性的、幼稚的、微不足道的或不正常的沟通方式。与奥姆一样,艾米与克拉拉的剩余物是不同于推动主流社交机器人发展进化的理性与高效指令的表达模式及交互方式。艾米与克拉拉不仅简单记录和展现了

图 3-4　马克·博伦设计的机器人艾米与克拉拉(Böhlen，2006a)

图 3-5　机器人艾米与克拉拉的内部电路结构(Mac Böhlen，2006a)

社交机器人设计的问题，还成为这些问题的示范以及互动实例。

艾米与克拉拉的设计促进并探索了计算文本和语言、自动化语音识别以及计算视觉等方面，从而成为其作为社交机器人的主要特点。对艾米与克拉拉而言，机器人讲话的实质是通过软件访问和读取在线时尚杂志来完成的。对这些网站的内容进行解析，从而成为机器人本体或机器人世界的计算模型的建构基础。随着这些语言模型的发展，某些词因为较高的出现频率而增加了分量。因此，这些词语变成了机器人交流的语言，但是迟早都会造成机器人之间的相互误解。当一个机器人不能理解另一个机器人时，可能是因为它已经开发出了不同的本体论，因而说着另一个机器人听不懂的语言，或者可能因为话筒和扬声器等无法避免的失真属性，有着德国口音的克拉拉（Klara）更加加剧了误解产生的可能性。不论误解的原因是什么，"异议出现，并开始叫器对方的名字"（Böhlen，2008：211）。当机器人检测出对方机器人的脏话时，它也会用包含粗俗语言的方式来回应。这样一来，交流的争执强度则会迅速增加。正如博伦（Böhlen，2008：212）所言，他将以软件调节社会交流的基本程序结构描述如下：

> 从规模为 n 的脏话集里选出一个并重复使用会导致从规模为 n＋1 的脏话集中选出另一个进行回骂，假设第二个词在给定的时间框架里被认定为辱骂词汇的话（否则，侵犯水平回落）。由于识别和话语接二连三地快速发生，这种交流成为一种低层次的交流（当识别效果不佳时）或者一场不断升级的激烈战斗（当识别效果不错时）都是有可能的。

除了交流的语言模式外，机器人的具身性设计采用了计算视觉系统来调节它们之间的互动。每个机器人都配备有指向其他机器人的照相机，而且照相机的视角也能照顾到房间里的其他内容。一旦每个机器人开始开发其语料库，并且它们已经被编辑进目录并进行比较，视觉系统便会触发口头交流状态，即当视觉系统识别出粉色时便开始启动对话(即当它登记了其他机器人的存在时)。通过确认整体形状,两个机器人的视觉系统还都能检测到人的存在。当某个人被视觉系统检测到时,机器人会通过先降低自己的声音、缩减它们的对话来改变行为,最后会请求在场的人离开。所以,这些社交机器人被设计用于与彼此交流,而不是与人类进行交流。

粉色在艾米与克拉拉的设计中扮演着重要角色。从表面上看,粉色是一种性别化策略。连同声音和名字,它表征了艾米与克拉拉机器人的原始性别是女性。但除了人类理解的符号意义之外,粉色在这里还有其他目的。在机器人技术中,粉色常常被用来作为计算视觉研究的测试颜色。因为粉色鲜明的色彩特质,尤其是嫩粉色,常常被用来定位和作为计算视觉的目标点。例如在机器人原型比赛中,要求机器人在场地中或在人的身上找到粉色的标签。粉色因而在艾米与克拉拉的设计中担负着双重职责。首先,对人们而言,粉色代表着机器人的性别,同时也是以机器人为中心的具身性的基础方面,粉色能提高机器人的视觉能力,从而使机器人具有更为敏锐的传感能力。

与布兰迪和奥姆类似,艾米与克拉拉同样也表现出了诡异性特征。主要是通过不符合机器人表达能力的对话内容与符号。当听到艾米与克拉拉之间的交流时,人们不会将它们的对话误解为人与人之间出现的对话。因为艾米与克拉拉语言的音律很沉闷,如同无人驾驶机发出的声音。由于涉及到一个机器人识别另一个机器人发音的处理时间,交流过程也并不流畅。克拉拉的德国口音还进一步加剧了这一场景的不适应特质。这种口音一般显得较为严厉,但是在这种情况下,用更为大量的人格化来充实机器人声音的尝试仅仅是激发了人们对该技术在模仿人类对话时尴尬境况的关注。由于改变了人类交流模式以及复制方式,整个体验变得碎片化。[21]

此外,博伦制定的基本性对抗式对话框架也着实令人吃惊。与其他的社交机器人不同,艾米与克拉拉的设计目的并非用于陪伴或治疗,而是用来参与彼此之间的语言对抗。所以,即使博伦(Böhlen,2006a)在项目文档中提供的交流方式相对温和,但其蕴含的攻击性仍令人感到不安,这与我们关于什么是机器人的交流方式以及机器人如何进行口头交流的设想非常不同:

R1:"你好!"

R2:"一边去!"(人工合成的德国口音)

R1:"你没事吧?"

R2:"拜托你别来烦我。"(人工合成的德国口音)

最终,艾米与克拉拉的设计也以另一种更基本的方式挑战了与社交机器人相关的假说:它们的存在只与机器人相关,对于人类来说,它们只是一种外围设备。通过这种方式,艾米与克拉拉混淆了社交机器人作为与人类交流的智能人工物的设计初衷。社交机器人的社会化特质主要是机器人之间交互的模式,机器人与另一个机器人进行交流,而不是与人类交流。机器人作为依赖于人类交流模式的非人实体的这一事实更加割裂了与人类的关联,它们只与对方说话。这种奇怪状况导致的结果便是,对作为人类的我们与作为机器的它们之间常见差异的深度困扰。在艾米与克拉拉的案例中,当机器人呈现出具有确定无疑的人类特质时,人类与机器人便又被合并在了一起。

艾米与克拉拉的设计体现了重新配置剩余物策略的典型变体,即我所谓的争胜性物化。物化,可能最先表现为一种矛盾——事物客体化的过程——在机器人设计中被争胜性地用来制造物化人类的相处方式,激起对物化过程及其效果的批判性反思。艾米与克拉拉的设计为语言内容再加上语言使用方式的处理提供了案例参考。用德国口音来表现严厉的刻板印象,这是社会化的、客体化的、人的方式。但是这种客体化也延伸到了机器人的社会化建构以及技术化建构领域。机器人具身性的设计——通过计算渲染,合成声音便带有了德国口音——要求合成语音自身的客体化,并使其成为可以被检验与操控的要素。在其原先的形式中,合成声音并没有德国口音。德国口音是从被认为比

82

较中性的美国口音那里开始构建,在文本—语音的转换软件程序上"交换使用元音和辅音"。例如,"欢迎"从英文发音"Welcome"被转化带有德国口音的发音"ɕvelk2:m"。[22]所以博伦对语音的社会属性探索(例如,期望、规范和模式化)也是对语音的社交以及技术属性的探索。事实上,艾米与克拉拉的设计,甚至包括所有的社交机器人设计,对于社交的探索都要基于对技术的探索才能实现,实际上这两者通常合并为单独的整体。通过这种模式化陈规、语言内容以及计算音韵操控等各个方面互动,艾米与克拉拉的设计从两个方面实现了对客体化(objectify)的定义:它把某个特性或境况转化为分析的单元,并使得该特性或单元变为现实——也就是说,变成物质性的实例与经验。

在这种情况下,物化一方面作为凸显人类特质与关系之假设的争胜性目的,另一方面作为充盈着计算系统的假设方式。换言之,物化是将剩余物转移到前台的方式之一。选择并将某种的特殊属性转化为可分析的单元,为检测与操控那种属性或单元提供了可行方式。[23]就艾米与克拉拉而言,对话式的交互被物化、检测以及操控。这一过程通过嵌套或分层的客体化得以实现。当辱骂发生时,对话式的交互被物化,而且人类对话特殊的非理性模式被物化到一系列刺激与反应的机制与程序当中,后者则通过分离式的计算操控语音实现物化。

与之前诡异工程的案例一样,这种争胜性相处是通过机器人具身性的设计实现的。但与布兰迪与奥姆的具身性是机器人与人类的特性之和不同,艾米与克拉拉的具身性则是机器人与机器人的特性之和。甚至于机器人的粉色都避免被简单地解释为表达人类性别规范的一种手段:它是作用于计算对象本身之间的联轴点。因此,艾米与克拉拉拓展并夸张呈现了布兰迪搅拌器设计中以机器为中心的观点。人类是机器人具身性设计得以实施的刺激物基础形式。这种争胜性物化具有讽刺意味,但仍然是回应关于如何将人类特性转化为机器属性的关键所

83

在。在此借用萨奇曼的概念，物化策略完成了某种形式的"紧缩"。然而这种紧缩或物化的性能，是以自嘲以及自相矛盾的方式完成的，因为它将社交性缩减为单一的、有界限的特征，然后用机器人的形式将该特征实例化，从而产生一种夸张的效果（或者影响，视情况而定）。在这种情况下，艾米与克拉拉的讽刺性以物质性与实验性的方式解释了以人类术语拓展机器社交性产生的问题，同时艾米与克拉拉也发挥了激发反思的功能——重新考虑通过机器人具身性设计社交性的前提假设是否合理。例如，某人假设人与机器人的社交交互将会十分融洽。此外，另一个人则假设社交机器人将与人类进行社交沟通。但艾米与克拉拉的出现证明了上述假设并非必然。没有任何技术或社交的原因能够解释为什么社交机器人一定要以融洽或与人进行沟通的方式来行动。在考虑我们将如何与智能系统结合以及在塑造那些体验的过程中设计扮演何种角色的时候，艾米与克拉拉为这一场景提供了极端的可测试案例。这两个机器人通过运用攻击性且不常见的语言模式去对抗那些过于亲密的表达方式与交互行为，在考虑为计算的实体（computational entities）设计社交性的可能性与限制所在时，为我们提供了另一种方式。

· 本章结语

社交机器人为我们考虑到底以计算来做设计意味着什么提供了另一个机会。通过争胜性框架分析社交机器人的设计，为理解如何操控计算对象的特性并用于唤起与探索政治问题提供了更多案例。在这种情况下，所谓特性就是具身性，政治问题关乎人—机器人的未来关系：这些关系的特征是什么，又有哪些社交特性通过设计享有特权或变得更加隐晦？随着关于社交机器人合作伙伴关系、陪伴以及治疗愿景的研究和发展措施不断繁荣，暂停下来并思考这些项目的基本假设变得非常重要。必须解决如何与机器人或其他智能人工物和系统进行交互的这一问题。关于具身性的来源、种类以及影响的可能性也几乎得到了彻底地探索，不再留有空白。正如本章所列举的案例内容，社交机器人设计的争胜性方法，为保留社交机器人设计及其期望的开放性空间以及有待争论的可能性，提供了替代性方法。

通常来说，设计是一种界定和推动关乎我们的现在与未来那些理想观点的手段。治疗机器人PARO就是这样的例子，因为它落实了我们关于机器人在社会中应扮演的角色以及我们可能如何使用它们的方式的诸多信念。但是，正如设计可以设置边界一样，设计也能被争胜性地用来扰乱这些边界。这些干扰的产生不是因为差异化的界线被擦除了，而是因为引入了具有高效破坏性的切线。机器人布兰迪、奥姆以及艾米与克拉拉都是这类携带着高效破坏性切线的实例。它们强调了人们对于技术的焦虑，并提供新的情感以及亲密互动的模式，以拟人的人工物凸显出与人们表达和沟通有关的传统假设。

从表面上看，社交机器人的政治问题与第二章讨论的关于信息设计的政治问题似乎完全不同。一方面，关于信息设计的政治问题是显而易见的——军事资金和学术研究的问题、石油价格、企业影响力网络等——但对社交机器人来说，情况则完全不同。这些差异非常具有价值。因为它显示出了争胜性效力的范围：对抗性设计并不局限于我们经常思考的政治问题，当然也不会局限于左派或右派、保守主义或自由主义的意识形态框架。事实上，争胜性的主要目标是揭示和阐明通常被视为非政治性的境况所具有的可争论方面，因为政治是一个普遍的状况与竞争状态，表征着争胜性的冲突应该持续不断地到处发生。

强调假设并表达替代性选择这一策略开始于墨菲（Mouffe，2000a，2005b）所谓的社会秩序的偶发状态——事情总是会发生意外，每种秩序的确认前提都基于某些前提假设被排除。此外，我们还应该注意到霍尼格（Honig，1993）所谓的"剩余物"概念——那些被排除的部分。在这种情况下，"事情可能会出现意外"就成为人与机器人之间关系的特征。通过重新配置剩余物的设计策略，曾被排除的部分通过机器人在物化与经验两个方面的具身性而再次得到凸显。对布兰迪、奥姆、艾米与克拉拉的分析表明,它们每一个都可被解释为关于社交机器人设计的剩余物的批判性表述,尤其是焦虑与非理性。

此外,与这些机器人的争胜性相处通常也是政治性的,因为它们呈现了人与机器人之间不同关系的多种可能性——对于争胜性而言,这是另一个核心任务(Mouffe,2005b)。在政治理论的讨论中,作为我们的人类与作为它们的机器人之关系区别常常被解释为社会经济阶层或人的类别之间的差异,而在这里,它最初被解释为人和机器人之间的关系。但是这些与社交机器人争胜性的相处并没能确定我们与它们之间的关系。人与机器人类别之间的熟悉差异也并没有得到捍卫或维系。相反,这些机器人及其设计,以及基于人—机器人区别的假设,都十分令人烦恼,甚至令人迷惑。但这些令人烦恼的类别是对抗性设计的基础活动,因为它会揭示出剩余部分,以及内置于或区分这些类别的政治问题。在社交机器人设计的案例中,政治问题不在于人类与机器人是否进行互动而在于两者如何进行互动。争胜性的努力不是为了继续区分人和机器人的类别,而是要发掘并探究那些类别的特性可能如何进行互融,并通过设计,去探索人与智能人工物之间存在的可能关系。

第四章　接合的装置：
无处不在的计算与争胜性集体

初看之下，"孢子1.1"(Spore 1.1)似乎是一个将难看的又令人费解的东西分类收集在一起的奇怪项目——它是由计算机电路、电线以及管道等包围起来的一株小橡胶树，顶上有一个蓄水池，并装在一个透明的塑料立方体中(Easterly and Kenyon,2004)。[1](图4-1)这些都是做什么的呢？最简单的答案可能是某工厂田间管理的自动化系统，但实际上不只如此。该系统设计包含了一种曲折的转变，即从一个自动化系统转变为用于照料植物的系统或组合，这一系统或组合夸张地塑造出一系列关联性和依赖性，并且为实现争胜性目标的设计提供了另一个案例。这种树是一种特殊的植物，说它特殊不是因为其种类而是由于它的原产地：它是从家得宝(Home Depot)家居百货零售商店买来的。其特殊意义在于，家得宝向顾客保证，如果树在第一年就死了，家得宝公司将为顾客免费更换一株新树。该系统的设计将树的存活与零售商家得宝捆绑在了一起。每个星期，家得宝公司的计算机将通过互联网收集该公司的股票价格信息。如果股票表现强劲，植物将会得到灌溉；如果股票表现不佳，那么植物就得被渴着。如果股市行情继续低迷，植物会最终旱死并被从塑料立方体中取出，还给当地的家得宝百货商店，并由家得宝公司免费提供另一棵新树，上述过程便会再次开始。

"孢子1.1"是典型的普适计算(ubiquitous computing，简称为ubicomp)项目。作为计算部件，如集成电路和传感器如今已经变得更小、更便宜了，它们越来越多地被嵌入到平常物当中并成为我们日常生活的一部分，其结果便是，整个世界都遍布了计算化的生产力。所以通过普适计算系统的设计，人们可能会更加频繁地遇到类似"孢子1.1"这样的物体——通过与其他对象和系统的联系性来获得定义的计算对象，它有能力接收、处理、分享以及操作数据。在这个充满了计算能力的世界里,其必然的结果之一便是,参与计算的观点逐步发生着改变。计算不再是局限于电脑等熟悉的概念。反过来,这些又在影响着设计的产品与实践,为其打开了更加开放的计算空间。除此之外,这里还有更多种类的物质性被计算操作,由此,大大拓展了零零碎碎的计算可能性。

图 4-1　道格拉斯·伊斯特利(Douglas Easterly)、马修·凯尼恩(Matthew Kenyon)设计的"孢子 1.1"(2007),照片由卢克·霍韦尔曼(Luke Hoverman)提供

这种转变应该也为对抗性设计的独特形式与主题提供了机会。当普适计算系统的设计，串联起在各种交流和互动安排之下的人与物时，设计应当以何种方式实现争胜性行为及其目标呢？这些物、人以及计算方式之间的新奇聚合，将会诱发哪些政治问题呢？"孢子1.1"为解答上述问题提供了线索。该项目建立了对象物不同尺度之间的简单链接以达到惊人的效果。在这里，当一个植物的生死依赖于——联系到——公司自身健康状况的相关性时，这种链接以一种戏剧化的方式形成了自身的意义。虽然系统设计具有一定的挑衅性，但政治的角度却很难辨识。对于政治角度，存在多种解读方式，例如，关于资本主义和消费主义无限循环及其愤世嫉俗的本质，或关于企业对环境的责任感，或者我们关于自然和技术的分类等。但当某种单一特定的政治立场或问题被指定到某一项目时，这种做法则风险太大。相反，"孢子1.1"应被解读为暗示了普适计算竞争潜能的方式，通过这一方式，它产生了一种关于该公司的话语，话语包括了其产品、消费者、数字网络、金融网络等紧密联系在一起的各种内容。通过建立这些联系，"孢子1.1"的设计创造了一系列的集合，这使得每个人都能参与进来并对该系统的组件构成及其关系进行反思与发问。"孢子1.1"没有那么突出地强调某种单一的政治主题，但它在某种程度上实例化了一种能够表示所有这些主题（以及其他能够被纳入其中的主题）且人们能对之进行理解与体验的模型。因此，"孢子1.1"的设计以一种典型化的争胜性行为方式，唤起了那些尚未被解决的政治问题。在运作中，系统设计确定了相关因素并建立了它们之间的关系与可能的后果，但也为诠释与争论保留了开放的空间。再者，它以这种方式促进了计算独特属性的表达，也表明了普适计算为政治表达的独特形式提供了难得机会。

90

·作为计算对象类别之一的普适计算

凭借着独特的设计挑战与可能性，普适计算是另一种类别的计算对象。在其最基本的形式中,普适计算将计算嵌入到日常物当中,从而使这些对象物具有了能够感知、处理并回应他人行动与周围环境的能力。当这些对象物经由网络被连接在一起时,彼此之间能够共享数据,使系统与环境能够对对象物产生感知与反馈,即让计算成为实时存在。这样一来,不仅改变了人们对这些日常之物的体验,也转变了计算机或计算本身。此外,它还改变了人如何通过计算来做设计的方式,并为政治参与和表达提供了新的主题和策略。具体而言,普适计算彰显了将多种计算对象联系在一起的能力,而且这种能力可以被用来制定人、物、空间以及行动之间政治挑衅性的关联。

普适计算的起源可以追溯到 20 世纪 80 年代末的施乐帕克研究中心。[译者注:Xerox PARC,是施乐帕克研究中心 Xerox Palo Alto Research Center 的简称,是施乐公司所成立的最重要的研究机构,成立于 1970 年,位于加利福尼亚州的帕洛阿图市(Palo Alto),毗邻斯坦福大学,是现代计算机技术的诞生地,其创造性的研发成果极大地影响并改变了当代人的生活,比如个人电脑、激光打印机、鼠标、以太网、图形用户界面、图标和下拉菜单、所见即所得的文本编辑器、语音压缩技术等。]那时候,电脑科学家、工程师、设计师以及社会科学家一起工作,共同探索使物体具有计算功能的方式,并研究将这些物体分布在整个环境中的可能性及其可能产生的影响。例如,这些早期技术之一是被称为"Tabs"的原型。(译者注:让电脑消失于环境之中,施乐帕克研究中心曾提出所谓"Tabs、Pads、Board"的原型,利用大家已熟知的便条、日历、布告栏等需要处理的资讯与数字运算的设备和其结合,并能实现资料共享,类似于"云端"的概念,但在使用上更具灵活性,因为这些资讯装置可以直接对应于各种日常之物。)其本质上是一种可佩戴或随身携带的小型联网计算机,还能够在人、物体与环境之间产生各种各样的交互:"大门只向那些佩戴了特定徽章的人打开,房间以直呼其名的方式与客人打招呼,电话可自动转接到处于任何地方的接收者,接待员总是知道人们具体在哪,计算机终端知道所有坐在其面前的人的喜好,以及预约簿能够自动记录等。"(Weiser，1991：80)因此从一开始，普适计算就被定位为一种从根本上异于使用计算机普通理念的交互与设计范例。事实上，关于普适设计的话语也通常限定在不同于人们熟知的计算机用途。普适计算的先驱人物马可·维瑟(Mark Weiser,1991：94)在其经典文章《21世纪的计算机》的开头即阐明了观点："最有价值的技术是那些看不见的技术。它们将自身融入到日常生活之中，直到难以被从中区分出来。"当然普适计算的概念并不意味着计算的消失，但计算机作为某种不同于日常物的优势正在消失，因为计算已经成为了每个对象物自身的一部分。[2]因此，交互的方式以及计算的体验将不再是通过键盘、鼠标以及屏幕等传统媒介，而转向了新的形式，比如桌子、椅子、相框、咖啡杯、茶壶以及首饰等日常之物。[3]作为完全不同于传统计算体验的普适计算框架一直延续至今。诸如"环绕智能"和"物联网"等概念将人们从对计算的传统观念及其活动中解放出来，人们不再一想到电脑就联想到那些米色、银色或黑色的盒状物等；同时也促进了一种新的观念，即所谓计算，已经成为一种四处分布、无处不在的存在，且已整合到了日常事物当中。

91

自从20世纪80年代末普适计算开始兴起，这些技术及其相关功能的应用案例已经拓展到施乐帕克研究中心之外，因为它们已经融入到了消费产品之中。虽然普适计算可能并非日常讨论的常见概念，但是使用产品的体验已经显示出普适计算的潜力成为了普遍的现实。提及"环境雨伞"(*Ambient Umbrella*)[4]，这是一款来自环境设备公司(Ambient Devices)的产品，该公司致力于将无处不在的信息技术引入家庭。环境雨伞装备有嵌入式的微芯片，该芯片由无线因特网连接从而获取天气预报的信息，同时伞柄里嵌入有一个发光二极管(LED)并通过无线连接，从而可以接收到来自 accuweather. com 网站的数据反馈，该网站从全球气象站和卫星网络定期获取不断更新的天气信息。如果预测是雨雪天气，雨伞手柄将会闪烁蓝光，由此对用户发出警示信息，并提醒在外出时带上该伞。这种将计算传感和表达功能与日常物相整合的方式相对简单。但是,当雨伞具备了这些计算能力,它就从一种保持干燥的配件工具转型为一种计算信息的显示设备。

　　"环境雨伞"的案例十分有用,因为它说明了普适计算如何将多种计算功能与设计实践结合起来。作为一种计算化的设计产物,环境雨伞是一种具身化的信息设计,它使用网络作为存储和交换的媒介,收集数据并呈现在程序上,最终具化为某种物理形式。通过多重计算特质与设计实践的结合,新类型的对象物与实践随之出现。人们可能不会把雨伞设想为一台电脑,但环境伞却是一个具有计算功能的产品。将雨伞或其他日常物看作具备计算能力的产品,是一种较为新颖的设计领域。由于已经解决了在日常物当中嵌入计算的技术问题,并且行业实践也已从工程挑战转移到设计可能性的拓展,因此设计从业者和设计学者面对的问题是,在普适计算的语境中,以计算来做设计究竟意味着什么呢?

· 连通性和集体

　　普适计算对计算媒介的多样性进行提炼与组合,其中包括具身性、程序性、转码以及作为储存和交换媒介的网络化。然而用来真正区分普适计算的特质是连通性(connectedness)。所谓连通性,指的是普适计算将对象与系统连接在一起的能力。连通性是一种特殊的性质,它不只局限于一对一的连通性或者是相同或相似对象物之间的连通性,而是说,能够决定是否是普适计算的连通性特性,是一种能在一系列多样化对象物当中实现一对多或多对多连通的能力。

　　让我们再来看看"孢子1.1"与"环境雨伞"这两个案例。这两个项目都体现出了面对不同对象物的整合能力——植物、水、泵、太网电缆、雨伞、LED以及微处理器等。任何单一对象的外形或材质并不是普适计算的独特性所在。比如,在"孢子1.1"项目中使用的树,在材质上与其他橡胶树相似(从家得宝购买的任何植物都能够代替它),而且"环境雨伞"在材质与外形上也都与其他普通雨伞相似。上述两个产品最与众不同的地方是它们具备的连通性,由一种对象连通到其他对象和系统的特性——比如一把具备数据供给功能的雨伞,通过与气象监测站、雷达和卫星等网络的连通实现数据收集;再比如一株连通到自动供水系统的植物,从自动供水系统连通到数据供给,根据股市数据更加全面地解析,植物成为对全球金融网络事件、行动以及愿望的反馈。

在上述两个例子中,普适计算系统均由大量各种各样的对象物构成,这些对象物以不同程度被整合到计算中,从而实现数据的交换与表达。在普适计算产品的设计过程中,基本活动便是去发现和建立各种对象物之间的计算交换与表达的强制模式:普适计算的设计即是对连通性的设计。此外,不仅只是对象物之间的交换与表达,这种连通性还向外拓展,既包括登记环境中的人口与其他实体,甚至也包括环境本身。

大多数关于普适计算的话语都专注于计算机的隐匿,但在这里,本书关注的重点是集体(collectives)的出现。到处散布并在对象物当中实现共享的计算,用与众不同的方式将人与物聚集在一起。人与物之间新颖的组合关系可以被理解为集体——交换、依赖性、资源,以及对象、人与环境之间的反馈等四个方面的聚集与排序——聚焦于某种特定的问题或者活动。除了建立连通性,普适计算的设计也促成了这些集体的形成:换言之,普适计算的设计生成了集体。在某些情况下,如果说集体包含人与对象物可能听上去有些奇怪,但对象物及其环境的激活与多样事物混杂在一起,便给予了普适计算独一无二的政治潜力。拥有设计师和理论家双重身份的朱利安·布勒克尔(Julian Bleeker,2009:173)解释道:"尽管非物联网的互联网只限于人类行动者(agency),但在基于有意义洞察力传播的社会形态及其创建、维修、组织的过程中,物联网的对象物也是积极的参与者,而且到目前为止,这种洞见的传播还无法简单地以人类形式完成。"

· 接合的装置

如果普适计算的特点是具有连通性并且导致了集体的构建，那么如何才能将其纳入到对抗性设计的讨论之中呢？凭借什么方式才能使这些互相联系的集体起到政治挑衅的作用呢？这些集体会让什么样的政治问题处于险境呢？在"接合"的概念里可以找到这些问题的答案。[译者注："接合"(articulation)是拉克劳与墨菲对葛兰西"道德的、知识的领导权"(moral and intellectual hegemony)思想的解读，是对其市民社会领导权理论的提炼，也是拉克劳与墨菲在20世纪70年代中后期最大的理论贡献。"articulation"在英文里存在两种基本含义：其一是用语言清楚地表述；其二是把分离的东西通过连接装置形成一个统一体。以某种意识形态要素去占据主导权就是一种"接合"，通过有效的语言表达让外在因素变身为无法被区分的内在因素。]本书的论点是普适计算的产品应该被理解为"接合的装置"(devices of articulation)。在对抗性设计的语境里，这些接合装置从事的是特殊的政治工作：它们参与到争胜性集体的形成和表现之中。利用普适计算的能力来建立对象物、人，以及创建开放的、可供诠释的、参与式的争论空间的行动等三者之间的链接关系，从而为以设计实现争胜性行为及其目标提供了另一个案例。

接合装置的概念将来自于社会与政治理论的"接合"概念与更多关于这一术语的固有用法结合起来。在社会和政治理论中，关于"接合"概念的常见讨论来自于安东尼奥·葛兰西(Antonio Gramsci, 1971)的著作，他将"接合"概念与阶级斗争紧密相连。如同她们对霸权概念所做的解析一样，欧内斯托·拉克劳(Ernesto Laclau)和钱特尔·墨菲(Chantel Mouffe, 2001)重新思考了"接合"的概念，将之视为一个过程，该过程扩大了阶级斗争的范围，并因此拓宽了"接合"作为理论建构的应用范围。作为当代理论中的通用概念，"接合"描述了话语与实践的关联，从而产生了意识形态和身份认同的混杂表达。正如拉克劳和墨菲(Laclau and Mouffe, 2001:105)所述，"接合"是"任何经实践生成的要素之间的关联，因此它们的身份被修正为分节(articulatory)实践的结果"。所以"接合"包含了大范围的活动和语境，它扩展了政治与政治性的普遍框架。比如，文化理论家迪克·赫布迪奇(Dick Hebdige, 1981)使用"接合"的概念描述亚文化的形成方式，以不分彼此以及跨越阶级的方式混合各种风格、态度与价值观等。无论这个例子是某种亚文化还是政治议程，"接合"都是建立"意义链条"(Laclau and Mouffe, 2001；Smith, 1998)或在话语与实践之间建立联系的过程，这个过程将会产生新的意义、价值观以及结果；不然，如果没有"接合"的作用力，这些只是散落的，甚至是互补协调的各种要素。

社会学家安塞尔姆·施特劳斯(Anselm Strauss, 1988,1993)对组织机构里的接合工作进行了研究，其中也谈到了接合机制。这一恰当的说法体现了"接合"概念中最基本的内容——即作为物理系统的一种特性(quality)。在物理系统中，接合意味着形成一个关节，被接合的东西由多个部分组成，它们被柔性关节连在一起从而进行活动。与接合有关的常见例子之一便是人类手臂和手部的相互关系。手臂的三个关节——肩膀、肘部和手腕——接合了一连串的骨骼。每个关节与肌肉以及肌腱的组合，使其能够完成一系列的运动。手部则通过十五个关节与二十七个骨骼接合在一起，使它能够进行抓取与释放的动作。综合上述两个例子可以看到，手臂和手部的骨骼接合使得各种各样的活动都成为了可能，其中包括扔球、切洋葱、投骰子以及写作。然而，如果缺少了其中任何一个连接，移动与动作的可能性将会发生巨大变化。工程中也常使用接合的概念，用来描述设计与运用各种关节在任何组合部分的系统中进行活动，其目的通常是使某个特殊功能能够发挥作用，换言之，缺少接合则该功能无法实现。关于这种接合，云梯消防车是大家熟知的一个例子。为了达到火势所在的高度，消防车需要较长的梯子，为了携带这种特殊长度的梯子，消防车本身也需要具备一定的长度。但是消防车车身越长，它的操作性也就相应地越差。云梯消防车的出现很好地解决了上述难题，通过与枢轴点接合，消防车后部能够与其前部分开操作，从而减少了消防车的回转半径，进而使消防车能够更安全地在街道和居民区进行作业。因此，云梯消防车的例子很好地解释了：物理系统中"接合"概念的核心内容便是作为组合部分间的连接，这些连接相对关键，因为它们将其他部分组合为一体，从而产生特殊的性能和作用方式。

为了让大家理解将普适计算产品作为接合装置的想法，这里分别采纳了两种接合的概念。在物理系统中（特别是在工程中）的接合，不仅只是为了政治而接合的隐喻。这里的目的是把这些概念结合起来，并提出通过设计，能够将工程上的接合变成政治接合的实例与形式。作为接合的装置，普适计算产品通过设计连接起来，以多元化的方式对那些元素的身份和意义进行转化，最终产生了一个新的对象——一种接合的集体。

接合的集体这一想法部分来自于布鲁诺·拉图尔（Bruno Latour）的研究。在《自然政治学》（*The Politics of Nature*）中，拉图尔（Latour，2004）形成了集体（collectives）的概念，作为重新思考人类和非人类之间关系的一种方式。对拉图尔（Latour，2004：238）而言，这个术语并不是指代某种单一的事物，也不是某一种集体，而是"收集（collecting）人类和非人类关联的一种步骤"。这种将人类与非人类联结在一起的举动是拉图尔宏大思考的一部分，他重新思考了工具、机器、动物、法律、基础设施以及环境的角色——换言之，就是重新考虑在事实和社会建构中，除了人类以外的其他事物的作用。对拉图尔来说，集体的概念非常重要，因为它更好地描述了世界上的事物如何被制作与完成——并不只是人类的双手，而是通过行动者（actors）和非人行动者（actants）的网络，这种网络产生了行动者（agencies）及其影响的不同配置与体验。对于拉图尔来说，接合是这种集体的某种特性。正如他言："我们应该认为，集体这个词在各种意义上都或多或少地与接合相关。这更说明，集体是微妙的,而且是更加机敏的,它包含了更多的条款(articles)、离散单元或者相关同行者(parties),它将这些以更大的自由度混杂在一起,因此使一长串的行动方案得以展开。"(Latour, 2004:86)。[译者注:关于拉图尔对行动者、物、行为者等几种概念的区分及其理解,请参见吴莹,等《跟随行动者重组社会——读拉图尔的〈重组社会:行动者网络理论〉》[J].社会学研究,2008,(2):218—234.其中的注释2写道:"agency、actor、object、actant之间的具体关系是这样的:agency = actor ＋ object = actant。传统社会学中的agency指的是有能动性的行动者,仅包括有主观目的和意图的人,相当于拉图尔的actor。而拉图尔则因消解了主体—客体模式而放弃了传统的自然与社会、主体与客体、人与非人、物与非物的二元划分,所以用'行动者(agency)'来表示所有在行动过程发生作用的存在。他的这一概念是受到文学中的行动元'actant'的启发,拉图尔一向对文学叙述十分推崇,认为其方法将所有在行动中发生作用的要素都包含在内了,所以应当借鉴其方法去更为自由地理解行动者(agency)的多样性,因此在内容上,agency 与 actant是相等的。"]

　　基于本人关于接合装置的概念,本书既关注了拉图尔的观点,更想对之进行拓展。首先,本书更加关注的集体概念是设计的产物,更具体地说,是在普适计算的语境里设计出的集体。其次,除了认为集体被接合起来,本书还认为,在接合的过程中集体的参与十分积极。作为接合装置,普适计算的产品不仅具有相关的能力,而且还对发生的集体各元素间的链接过程发挥了作用。这个想法对于拉图尔并不陌生,对于他而言,对象物是可确定的(assertive),而且行动者网络的形态能够或促成或阻碍各种方式的交互及其影响。但是我们在这里更想强调并探讨的是,集体作为一种独特的设计之物,不仅只是单一的对象物,且也并未达到拉图尔所谓网络的程度。

　　至于接合的政治潜能,争胜性并非其定义之属性。[5]但当接合的产物将问题、挑战或其他替代物转化为主要观点与实践时,接合便具有了争

96

胜性。换言之,争胜性的东西不一定是接合的过程,而接合的结果一定是争胜性的——即创建出的集体类型以及该集体对于竞争体验的能供性。在对抗性设计的框架里,接合的策略建立了对象物、人类以及行动之间的链接,该策略将它们转化成为一个争胜性的集体——一种开放的争论空间,其中各元素聚集在一起,从而表现了实践、价值观以及信仰之间多元性的相互冲突。这些争胜性集体超出了人类与话语自身,它们将各种各样的对象物聚集在一起,其中包括植物、动物、软件、硬件、网络、桌子、椅子、建筑、街道以及城市等。

关于普适计算的产品到底接合了什么以及怎样接合的问题将是接下来的探究重点。首先,尽管普适计算系统是物理系统的一部分,但它们在某种意义上与手臂或消防车的接合并不相同。普适计算系统中的接合,不只是引入两个对象间的物理枢轴关节。更确切地说,普适计算产品的接合是一种来自传感器、制动器、软件、协议以及网络等的接合形式。也就是说,接合的结果促进了程序化与具身化等特性,连同着对象物自身的物质性,通过在系统各元素间建立新的链接,为行动提供了新的功能、意义以及可能性。这也为实现争胜性目标提供了新的机遇和能供性。

·接合行动与伦理学

当气候变化的相关问题逐渐变得越来越紧迫、公众化,在一部分案例中各种新技术和新政策已提上日程并予以实施。其中一项技术政策便是碳汇与碳补偿。碳汇是化合物的天然或人工的储藏库:它们把环境中的碳隔绝出来,并作为碳补偿的形式之一,总体的想法是碳汇的产物以及对其的利用可能会抵消大气中过量的碳,从而减轻碳对气候造成的影响。国家或企业被分配了一定额度的碳排放限额,因此碳补偿通常以符合经济效应的模型运行。当国家或者企业超出了限额时,它必须购买或进行贸易交换从而扩大限额。用于购买额外限额的资金随后会被分配到特定的项目里，这些项目的目标是减轻别处过量的碳排放——例如对再生能源、能源效率或者碳汇生产等进行投资。通过监视和交换系统从而减少能源过度使用的概念已经从国家和企业等宏大层面，拓展到了社区与个人的微观层面。工具和资源在数量上的增长能够计算并且监察个人与当地的生态影响，或体现某一个体的"碳足迹"。[6]然而通常情况下，这些被设计出的个体和团体系统的关注点是能源用量的记录或改善措施，它们避开了政治问题，比如气候变化、控制技术、政策以及实践等境况。

乌斯曼·哈克（Usman Haque，2009）设计的"天然保险丝"（Natural Fuse）便是一个普适计算系统，它使用户在微尺度下探索并且参与到围绕着碳汇、碳补偿和在能源消耗中行为和道德观之间联系的政治问题。[7]通过普适计算系统的设计，接合了能源消耗、个体所需，以及产生了争胜性集体的社区，这也使得用户成为能源消耗的冲突模型中的参与者。这个消耗模型反映了在能源用量的背景下，囚徒困境中博弈论的问题结构：有限的能源只够参与者的分散式群体使用，这些分散式群体的每个参与者都必须做出关于他们将使用多少能源量的个人化决策——该决策会对系统中的其他个体产生影响。

"天然保险丝"项目由一系列常见家养植物或植物单元构成——是一种通过互联网将植物、传感器、制动器以及软件等相互联系在一起的聚合物。（图4-2）这些植物单元被设计赋予碳汇以及能量调节器等功能。接上家用电源插座时，它便进入到工作状态，扮演作为导出插座中电流的关口的角色。用户还可以将台灯等电器接入到植物单元，并从插座共享电流。随后用户还可以打开并使用其他家用电器，但是使用该装置与其他家用电器的总时间必须与植物释放的碳补偿量相匹配。也就是说，装置的使用容量需与植物进行碳补偿的能力相匹配，而且装置的可用电量等同于碳耗的可补偿量。这段时间通常非常短暂，从几秒到几分钟不等，取决于装置总的用电需要。

在设定的使用场景里，植物单元被分配给用户们，这些用户可能相

图 4-2 哈克设计＋研究（Haque Design ＋ Research），"天然保险丝"项目

距较近（例如，在一座城市里）也可能相距较远，遍布全球。目标用户回家之后，会打开连接到植物单元的台灯。一两分钟过后，电量耗尽，这盏灯就会自动熄灭，用户会面临一个选择。然而，这种选择往往让用户进退两难。

植物们通过互联网连接在一起，因此每一个植物单元在网络中都是一个节点。通过利用这种连通性，任何用户和植物单元都能够从另一个用户或植物单元那里获取分配量。每一个植物单元都有一个分别标有"关闭""无私""自私"三档的开关。如果一位用户想要使用的电量比他/她的植物单元能提供的电量更多，他/她可以把植物单元开关调至自私模式，然后该装置会把从其他植物单元获得的能量分配连接到网络。然而，如果某个植物单元消耗了太多能量——比如它所获取的能量比植物单元网络中所存储的备用能量更多的话——它就会害死另一株植物。

作为一件设计作品，"天然保险丝"充分体现了普适计算的一般概

99

图 4-3 哈克设计＋研究,"天然保险丝"项目细节:标有"关闭""无私""自私"三档的开关

念:这个系统由嵌入计算能力和网络连接能力的日常物构成,通过交换数据与其他对象物进行交互。如果我们追溯到系统的设计,研究其构成元素及其连接方式,就能够理解作为普适计算主要特征的连通性的涵义,以及这种连接的设计如何促成了争胜性集体的产生。

"天然保险丝"网络的每一株植物都装备了具备产生和搜集数据能力的感应器,以及能够管理本地传感器的微型处理器。光敏电阻作为一种光线传感器,与湿度传感器一起同时埋置在土壤里,为微处理器提供植物状态的基本信息。同时,湿度传感器也与连接着蓄水池的水泵相连。蓄水池上的阀门通过开、关两种状态来响应湿度传感器提供的植物灌溉数据。另外,还有一个用于检测每一个接入植物单元的装置耗电量的传感器。数据由本地的微处理器接收,并通过互联网与外界交流,向中央数据库传送"天然保险丝"项目中所有植物的日志数据。这个微处理器还运行了一种特殊装置,它能够比较家电的电力消耗与植物碳补偿的数量。[8]如果电力的消耗超过了植物的碳补偿限度,装置就会向服务器发出请求,要求分配给自己更多的电力额。这时,服务器的应用程序就会扫描网络上有哪些可用的植物单元,确定之后从中汲取能量,发送分配请求,将更多电量输送给起始单元,起始单元会打开电路并允许既定的电器重新启动。如果这次电力额的分配导致了某株植物的死亡——超出了网络蓄积的电量额度——中央应用程序端就会发送邮件将这一信息告知其他所有的单元成员。植株的死亡数量由计数器统计。一旦某种植物接近三次死亡限度,服务器上的应用程序就会向本地处理器发出要求,要求开放连接在植物单元的醋罐阀门,向土壤中输送酸性物质以促进其生长。

如上所述,系统的连通性拓展了"天然保险丝"的计算组件。(图4-4)它包括一种接合的集体,由人、植物、电器、电力、传感器、促动器、微处理器、软件以及醋构成。作为一种接合的装置,"天然保险丝"将多种元素联系在一起,从而改变了个人身份,也改变了每个对象物被植入到集体时的意义。通过这种改变,当能供性、依赖性以及责任性等通过系统的设计与使用被确定时,每个对象物便获得新的政治意义。该装置的功能取决于电力,而电力的可用性则取决于某植物单元或一系列植物单元的容量。植物拥有碳汇的能力主要由植物生物学所决定。用户负责确定在什么条件下分配电力给电器,以及何时、在何种程度上超出其植物单元容量的上限而要求额外的电力。网络中的所用用户在有限范围内链接为共享资源与控制的系统整体。对于系统整体而言,存在唯一有限的碳汇额度,对于每一个发出或抵触电力分配指令的用户而言,也只有唯一有限的行动者可供调用。

"天然保险丝"的集体也使欲望、行动以及因果之间的一系列问题关系得以实物化呈现,从而成为一个开放的、诠释性的、参与式的争论空间——也正是在这个意义上,这个集体带有了争胜性的属性。利用计算能力的连通性,"天然保险丝"的设计为用户参与探索个人需求和愿望之间的关系提供了模型,并有机会理解与减缓和气候变化相关的、所谓共同福祉的概念。通过使用该系统,每一个参与者都会面临相同

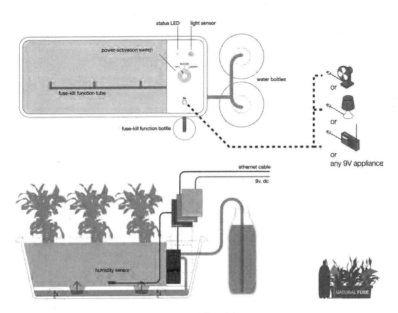

图 4-4　哈克设计＋研究,"天然保险丝"项目的系统图表

的境况:他/她可以随心所欲地用电吗? 或者他/她是否能找到与他人达成用电共识的方式,并实现表面上的皆大欢喜呢? 他/她是否会选择将植物单元的开关调整到"无私"一挡从而为整个集体贡献能量呢? 或者他/她会通过将开关设置在"自私"一挡,从而从其他人那里索取更多能量吗? 这种关于自身利益和社会利益的选择问题是囚徒困境的关键。但与囚徒困境不同的是,这里的情况要直观得多。这一项目反映了一种当代社会的共同议题,也包含了一系列具体的实践——比如气候变化、碳汇与碳补偿等。

　　碳补偿的大部分形式是为了力求达到系统内的平衡状态,从而导向系统内用户更均衡的行为方式,但"天然保险丝"制定的对抗性立场是通过倾向于不平衡系统的设计,而且这个系统还存在着矛盾冲突的趋势。通过设计,这个系统使用户能够且几乎必须与他人进行论辩抗争。事实上,目前尚不清楚"天然保险丝"是否能达到碳汇与碳补偿计划所寻求的抗衡状态。每个植物单元均提供了最低限度的碳汇能力,

102

并且要求用户在任何程度使用任何电器都要必须将开关切换到自私挡位。基于"天然保险丝"用法的反思与运用,通过设计、通过资源配置与各种关系的动力学微观模型考虑环境伦理的问题,这些关系主要包括两个方面,一是个人欲望与行动,二是构建更大社区的良好愿景等。

"天然保险丝"提供的模型与体验是对环境伦理的美学渲染。"天然保险丝"的外观和感觉使它看起来更像是一种交互式的宜家产品展示,既不像是一种探寻合作行为的科学实验,也不像是一种监测系统能量与交换的工程原型。但正是由于这种审美化的特质才吸引到用户愿意使用该装置,诱导用户共同参与到系统当中从而实现对上述具体问题的探究。

有些人可能认为,设计不仅只是美学。但在正式与传统的意义上,设计的美学仍然具有唤醒政治的重大意义。"天然保险丝"证明了,那些讨人喜欢的形状、诱人的材料可以用来创建一种体验,通过这一体验及其引人入胜的形式,人们可以实际地接触到具体的问题并产生兴趣。利用"天然保险丝",用户并不需要在某一问题上表明立场或倾向,或弄清楚限额总量与交易规则等。相反,它致力于邀请用户关注并使用他们感兴趣的、对他们有吸引力的对象物。通过"天然保险丝"这一项目的实施,环境伦理学的开放性视角为这一问题提供了框架,即用户可以通过使用该系统,以自己的行动与彼此间的交互,参与到对问题的接合过程当中。

因此,"天然保险丝"不需要在环境伦理学方面采取某种规范的或规定的立场。它不惩罚那些对他人造成损害的超额能量消耗者,也不奖励那些妥善运营电器使其容量被限制在合理范围内的人们。事实上,系统的开放性使我们以多种可能的伦理视角对该项目进行解读。作为一种接合装置(device of articulation),"天然保险丝"融合了各类材料与交互形式并形成了一系列关系,从而强调了利害攸关的伦理问题,并提示用户参与到政治互动的模型当中。它并不能解决资源分配及其用量问题。所以与其说设计作为一种提供方案的方式，还不如说设计对情境的合理性提出了质疑。

·接合的反集体

"天然保险丝"项目为家庭中无处不在的计算提供了一类实例，但普适计算并非局限在家庭领域。城市环境——城市——也是普适计算研究与设计可以大展身手的领域。部分原因在于，城市中分布着越来越密集的无线数据网络。事实上，普适计算的许多利弊都与无线数据网络的可用性及其功能密切相关。这些网络为用户提供了使用各种设备与程序进行数据交换的机会。虽然城市提供了便利的无线网络接入，它们却并非都是完全开放的空间，而只是经过调节与管控的信息传输与通信渠道。不论这一渠道是由市政当局还是运营商来提供，网络的流动数据总归受制于当局法律以及各种条例，受到严格监管。针对网络通信的隐蔽电子监视的程度尚未确定。然而电子监控这个概念，已经成为公众意识的一部分。我们听说过政府在监测网络上的恐怖主义言论，电子邮件也被监视间谍活动的政府或企业截获，媒体公司也在跟踪、识别并起诉那些随意下载或传播受版权保护资料的人。

马克·谢泼德（Mark Shepard, 2009a）的"自组织暗网络旅行水杯"[*The Ad-hoc Dark（roast）Network Travel Mug*]为用户提供了可供选择的网站连接与数据交换方式，目的在于强调网络监视的问题。[9]（图 4-5）通过使用隐藏安装有输入装置、显示屏以及网络路由器的旅行马克杯，普适计算系统使用户能在封闭的网络平台秘密地给他人发送短信。通过这一设计，该系统接合了一种拥有某些资源的集体，能够使用户在瞬间避免网络监控系统，同时也为用户保留了使用一般网络进行简单社交的便利。

该系统的功能与"天然保险丝"的设计类似，它阐述了普适计算核心内容的基本概念：这是一种将计算技术嵌入日常用品，从而实现连通

图 4-5　马克·谢波德的"自组织暗网络旅行水杯"作品

104

性的设计,之后再借助于网络将各种对象物联结在一起。"自组织暗网络旅行水杯"的主要构成部件是一个普通的铝制马克杯,就是那种人们上下班或上下学途中随身携带、用于饮品保温的水杯。这个杯子之所以能成为网络节点的独特之处在于它内部的网状网络结构,这是一种特殊的数码网络,其中每一个节点都具有路由器的功能,沿着网络将数据传输给其他节点。当这个装着咖啡的马克杯(又或称为节点)在网络中移动时,当用户拿着杯子走入或离开彼此间的距离范围时,网络的规模与效率便也会实时变化。之所以称此网络是"黑暗的",不是因为通常杯子装的是咖啡,而是因为此网络是隐秘运行的网络,超出了市政当局或商业网络公司数字监控的范围,并与之平行存在。

每个马克杯都配备了四个组件,包括无线自组织的网状网络模块、通过无线电频率(RF)与其他模块连接的微处理器、用于显示数据信息的液晶屏以及微控制器,所有这些是建立和维护网络运行并提供基本输出的基础软硬件。在网络模块和微处理器的软件通过无线电频率发出重复信号时,就会自动检测出各个模块的存在情况,与其可用性一并告知其他所有模块。当它来自于其他模块时,也会接收到相同的信号。当一个模块检测到另一个时,就会建立连接,当建立了足够的连接数时，便会形成网络，这一网络将会实现数据的发送与接收。当其中一个模块离开配置并超出了其他任何模块的信号范围时，网络便会将其标示为不可用状态，并继续搜索其他仍然在线可用的模块及其数据。此外，用户可利用嵌在杯边的按钮以连续敲击的方式发送数字序列。这些敲击会被程序转化为字母数字代码，并传送到网络中的其他马克杯，从而建立起基本的消息系统。

"自组织暗网络旅行水杯"是谢泼德名为"感性城市生存包"（*Sentient City Survival Kit*，2009c）大型项目的一部分，利用设计手段探讨城市普适计算的可能性及其后果。对于这个项目，谢泼德创造了一系列的概念设计和产品工作原型。每个概念和原型都为普适计算提供了新的体验，并都参与探讨了"在高度敏锐、越来越高效、过度编码的城市里关于隐私权、自主权、信任以及运气等"主题（Shepard，2009c）。谢泼德用知觉性（sentience）概念作为其项目的框架，将对计算方式的强调作为主题与当代城市的焦点议题结合起来。实际上，这种做法并不新鲜。城市一直被技术所塑造，也反过来塑造着技术，从罗马时期的沟渠、巴黎的拱形门，再到连接洛杉矶与亚特兰大的公路等，这些都是城市与技术关系密切的典型。今天城市的"网络化社会"与"流动的空间"等特点也都是受到计算技术特质的影响。[10]城市的空间、场所以及体验等都受到了基础设施与公共服务方面的信息与通信技术的影响，从信号接收塔到网吧不一而足。新的城市拓扑学甚至建立在数据的基础上为人们提供服务。同样的，城市的质量标准也反映一定的科学和技术水平。城市新的拓扑学，甚至可以说也是基于数据访问和数据服务的使用程度而建立的。同样，城市的质感反过来也会影响技术的研究与设计，从"城市计算"以及"城市信息学"等新概念的发明便可管窥一豹，这些概念用于描述城市对计算媒介、产品以及服务的感知特性。[11]在上述设计领域，计算系统设计在城市、农村、近郊、远郊之间的使用情况存在着诸多差异。

正如数据网络自身，当代网络化城市的物理空间也存在着无处不在的监视。事实上，没有任何一个网络化城市全面地意识到了城市监视系统的问题。"自组织暗网络旅行水杯"的网络化通信便为对抗上述监视现状提供了可用模式。或许最普遍的监视模式是利用CCD摄像机〔译者注：CCD是 Charge Coupled Device（电荷耦合器件）的英文缩写，它是一种半导体成像器件，因而具有灵敏度高、抗强光、畸变小、体积小、寿命长、抗震动等特点，因此使用范围广泛。〕的视频监控，它无需使用胶片或磁带便能记录影像数据并将之保存在硬盘里。依靠这种最简单的形式，当下网络化监控系统整合了成百上千个CCD摄像机，从整体上描绘出城市的大致状况并记录着可供后续搜索与参考的每一个细微的城市变化。在许多城市，监控无处不在，例如在伦敦，人们似乎不可能逃出CCD摄像机的视野范围。除此之外，还有一些更加先进的跟踪与监控系统，它们使用了能够采集分辨率更高的多样化感应器，并具备高度敏锐的城市记录意识。比如，Shotspotter 公司的"枪击探测系统"（*ShotSpotter Gunshot Location System*）装配的听觉感应器可以借助遍布于整个城市的音频感应器网络定位枪声发生的具体位置。[12]通过广泛分布的传感器系统，城市变成了一种各种数字数据的反馈体，包括声音、空气质量、交通状况，以及其他被观测、登记并记录的各种数据。利用这些数据，有关部门可以针对不同情况做出实时响应，或者对数据进行存储与分析，作为未来行动的理论根据。

越来越多的监测与跟踪系统被开发出来，它们也将继续影响人们在网络化城市中的感知方式与生活方式。20世纪90年代以来，地理学家史蒂芬·格雷厄姆（Stephen Graham）就已经提出了关于技术和城市生活融合的理论，他的研究对普适计算和设计的文化研究产生了较大的影响力。在《感性城市：环绕智能与城市空间的政治学》（"Sentient Cities：Ambient Intelligence and the Politics of Urban Space"，2007）这篇论文里，迈克尔·克朗（Michael Crang）和史蒂芬·格雷厄姆提出，我们今天的社会可能转型为"预期型"（anticipatory）的城市形态。在这种预期城市里，利用遍布城市环境的传感器与摄像机，并结合数据挖掘与模式识别技术，便可预测个人和群体的行为。

谢波德在其"感性城市生存包"与"CCD-隐身雨伞"（*CCD-Me Not Umbrella*）（Shepard，2009b）当中参考了迈克尔·克朗和史蒂芬·格雷厄姆的研究，为反抗无处不在的视频监控提供解决之道，并尝试使用计算视觉系统作为监督系统的一部分。[13]"CCD-隐身雨伞"看上去是一把普通雨伞，但它的伞面上整齐分布着能够发射红外射线的 LED 灯，电量由伞柄里的电池组提供。（图 4-6）这些灯的作用并非用于照亮四周环境，而是去干扰被 CCD 摄像机监测到场景，并混淆监视系统用来检测目标物的计算机视觉算法。

图 4-6　马克·谢波德的"CCD-隐身雨伞"作品

设想如果用户想要逃避 CCD 摄像机的监控，要么是因为想要掩盖事实，要么就是他们本身就反对监控这件事。当他们撑着这把特殊的雨伞走在街上时，不停开关伞上的按钮，按钮会收集那些只有 CCD 摄像机才能感知到的视觉效果（由此扭曲那些被 CCD 摄像机捕捉到的场景）并阻止对象被探测的过程，从而挫败有效监视。每个携带此伞的人都可以反抗针对个人的监控，而当一群人开始使用此伞便会产生集中化

的反监控效果,从而导致城市街道及其周边环境的图像无法被成功识别。(图4-7与图4-8)

尽管"CCD-隐身雨伞"并不是一种计算化人工物,但它的设计目的就是与计算系统相结合——换言之,即使它是一种具有扰乱性的组件,它也仍然是普适计算系统的组成部分之一。它的设计基于人们对以下问题的敏锐理解,比如关于技术能力、计算的局限性,以及其他对象物及其特性(比如LED与光线的红外线波长)可能与作品结合起来的方式,或者在这个案例中,是用来反抗计算技术的方式。作为一个计算视觉系统的共同特征,对象物的探测与追踪利用了计算机算法解读数字图像中的像素数组,从而识别并且跟踪特定的图形。借助这些系统,才有可能将个体从人群中区别开来,并区分人群、汽车以及建筑等不同对象物,甚至有可能跟踪并分析面部表情、手势或步态等。然而,"CCD-隐身雨伞"的红外线LED灯组将会妨碍在这些系统中使用的大量算法。反复地开关红外光线会影响像素的匹配,这些像素原本被储存在系统内存里,用来从背景中分离前景(被监视的个体)。因此,计算视觉系统便无法追踪个体所在,因为它不能把他或她从整个场景中有效分离开来。

作为另一种接合装置,"CCD-隐身雨伞"产生出了本书称之为的反集体(countercollective),即在某种意义上与另一个集体相反的集体。例如,"CCD-隐身雨伞"设计里包含的性能、资源以及特性等是为了破坏许多先进的视频监控系统的性能、资源以及特性而存在。通过这种方法,反集体证明并参与到了一个特殊的争胜性任务当中,这个任务被墨菲(Mouffe,2007)称作"脱离现有规则"(disarticulating the existing order)。无论是否有根据,通过脱离或捆绑于另一个集体的关节才能发挥作用。通过这种方法,反集体会使其他集体的能力失效或减损其功能。为了分离监视系统的集体,由"CCD-隐身雨伞"产生的集体被接合在一起。这种反集体的接合概念为普适计算独特的政治潜力提供了又一个案例,这种普适计算可能源于对连通性以及使连通性具有特性的

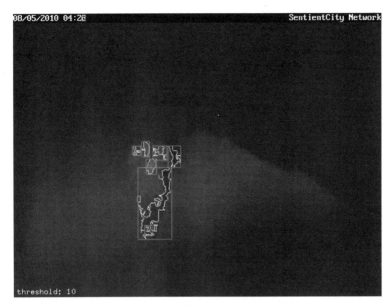

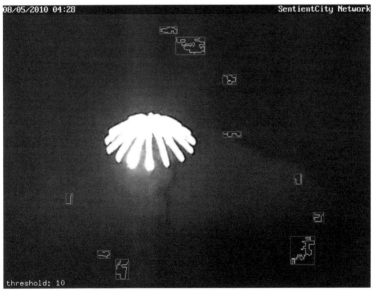

图 4-7 与图 4-8 马克·谢波德的"CCD-隐身雨伞"作品。这些图像显示了计算机视觉系统企图监视雨伞的场景。该伞逐渐地破坏图像，使得系统无法将个人从背景中分离开来。当软件试图追踪图像中的光迹时就会出现混乱。

相关依赖性等两者的利用。

就像能够被"天然保险丝"追踪的一系列依赖性一样，"CCD-隐身雨伞"也能够追踪断开链接或者反接合（disarticulation）。这种链接断开可以被理解为，"CCD-隐身雨伞"的设计未能实现一系列的依赖性：伞面上的LED灯发射出光线导致从摄像机中收集的录像在计算视觉系统中变得不可读，从而使得计算视觉系统不能监视和追踪它们的目标。因此"CCD-隐身雨伞"成为系统和集体间争胜性相处的案例，这里，通过试图与另一个集体进行反接合，这个集体从而实现了争胜性的工作。回到接合的双重概念，它既是一种工程实践，也是一种政治意图的表达，"CCD-隐身雨伞"的存在证明了，所谓接合不只是一种漫无边际的策略。通过利用一种集体的物质设计特质来反对另一个集体的物质设计依赖性，"CCD-隐身雨伞"的反接合尝试发生在物质层面。因此，这里的接合，既表现了工程方面的意义，也成为政治化接合的实例。

· 集体的多元主义

普适计算系统不仅利用了计算和诸如咖啡杯和雨伞等单个物体的能供性，这些集体还具备多元化特性。这些系统向外拓展，吸引和结合更大范围的人群、技术以及意料之外的对象物。通过接合，普适计算系统的设计把物质和社会环境连接合并，并形成集体。通过这一过程，它们成为了设计中至关重要的元素。为了充分认识到普适计算的政治潜能，我们需要了解这种社会化与物质化合并行为的程度，以及普适计算系统为争胜性表达与参与所能提供的新的空间及方式。

再来反思"自组织暗网络旅行水杯"与"CCD-隐身雨伞"这两个设计。它们的系统都依赖于超出雨伞、咖啡杯、LED以及微处理器等传统内容的要素与现象。"自组织暗网络旅行水杯"的设计不仅包含了工具性的旅行杯，还涉及了地铁、朝九晚五通勤者的生活习惯以及彼时彼地相关人群的空间安排。这些因素的收集是该系统的设计基础，也是系统操作的必要条件。通过"自组织暗网络旅行水杯"在节点中建立网络，节点必须存在且彼此相近——也就是说，系统需要特定的空间布置。地铁提供了有限的空间，在这种情况下空间的布置就能实现。但是，除了地铁的物质结构，该设计还要利用使用地铁的条件——早晚高峰的通勤期间，人群在地铁里紧密分布。总而言之，地铁和通勤者的这些特质提供了使用与体验的物质化与社会化基础。在"CCD－隐身雨伞"的设计中，也存在着相似的模式：它的设计包含了镶有 LED 的雨伞、城市街道以及用于干扰破坏的软件。甚至连天气状况也被列入到设计因素当中，因为下雨天出门才能名正言顺地使用雨伞。

　　在上述两个案例里，社会和物质环境的要素与现象转变为系统内部的必要构成。设计把它们接合为系统。普适计算集体将大量元素接合到设计里，超出计算对象本身的范围，这一点对于理解普适计算如何实现争胜性目标非常关键。就像任何方式的接合一样，构成要素的组合转变了自身在产生新集体时的身份，并相应带来了行动与意义的新可能。如前所述，接合构建了一个开放的、可能会产生价值与实践冲突的竞争空间。这些竞争空间成为被争胜性接合转化的使用背景。也就是说，当从争胜性角度来设计或进行解释时，普适计算产品能够把应用的背景转化成政治竞争展开的场所和事件。

111

　　比如，在清晨通勤时使用"自组织暗网络旅行水杯"与"CCD－隐身雨伞"乘坐地铁或行走在下雨的城市街道上，便不再只是单纯地消磨时光穿越城市。当与普适计算交互起来时，它们便成为参与挑战的场所与事件，且为都市生活呈现了另一种可能。地铁和通勤者成为了背景，在此背景之下，通信的"黑暗"模式与监视系统并行存在并如常运行。同样的，下雨的城市街道也成为了语境，并参与到对抗监视系统的工作中，进行着小规模的破坏行动。使用"天然保险丝"，家庭环境以及像开灯一样的日常活动逐渐被转化成特定的场所与行动，在其中，凭借经验的能量消耗问题遭遇了挑战，使用家用电器这种简单行为也被政治化了，都成为了带有政治意味与目的的情境。即使之前这些元素和现象的性质与联合依然存在——比如，清晨通勤时段的地铁依旧拥挤、雨天依旧潮湿、家用电器依旧费电——但通过设计的接合，新的政治联合与潜力由此建构。

广泛接合实物化与社会化环境的影响之一就是，政治境况预期行动者在大规模扩大。将社会化和实物化环境中的元素和现象都纳入普适计算系统的设计里，并将其作为争胜性集体的一部分，那么这些元素和现象都将以从未有过的方式变得政治化。谁之前会认为地铁是一个可以参与网络监视议题的政治空间？谁又会认为一盆家养的室内植物也会涉及到能量消耗、个人化行动与欲望的政治议题？通过实现对象物的连接性并与其他具有政治意义和重要性的对象物产生关联，计算与普适计算的愿景和实践似乎能放大对象物的政治参与潜能。

在这层意义上，不论那些要素到底是什么，普适计算系统都会积极地参与接合、聚集，以及赋予系统构成要素以新的意义。普适计算系统占用这些元素与现象，并通过一系列设计相关性与数据交换，将它们相互连接并朝着新的目标进行转化。对于哪些东西能够被接合成一个普适计算系统，似乎没有什么限制。利用普适计算系统的连通性，几乎任何地点或规模的对象物都能成为政治化地点或被设计成具有政治性的对象物。就如普适计算把计算嵌入到整个环境无处不在的日常物一样，同样也可以通过设计从日常情境与实践当中形塑出政治性。

作为普适计算的核心部分，接合是一种具有变革潜力（transformative）的活动，在普适计算系统的应用下，这种变化得以实现，在某种程度上，它超出了设计师和用户的控制范围。普适计算系统积极地聚集、整理并且表达着超越设计师与用户能力的行动和意图。接合的变革性活动不止限于人类行动者。因此，我们应当返回或者至少转向拉图尔的计划，该计划促进了人们理解超出人类能力的情形时行动将会如何发生的这一问题，并且开始思考对象物所具备的能力。

连通性是普适计算设计的主要特征，也让我们回到同时也回应了前文对程序署名（procedural authorship）的讨论。所谓程序署名，是指设计师自己建立表征的规则,并在软件中执行规则,最终的效果取决于变量(包括用户输入)、可用的数据以及不同的表征结果等。普适计算的对抗化设计与之相似,但其产生的空间是为了争论而非表征。在普适计算系统里,设计师利用计算的多重性质构建了一系列链接,包括程序性与具身性;取决于用户行动以及接合到设计中的要素性质,当实施这些链接时就会相应产生不同的体验结果。至于政治表达,则表明可以将一整套条件整合在一起,却无法轻易窜改信息本身。事实上,这也是对抗性设计在普适计算语境的机会所在——为社会问题与境况的政治意义和内涵的开放性探索,甚至是新的发现,设置发展阶段并提供支持。

· 本章结语

以计算对象结合独特的设计挑战与机会,从而实现争胜性的目标,本章的普适计算提供了另一种计算对象的例子。利用普适计算做设计意味着,要能组织构造出普适计算系统内的构成要素的连通性。这些要素的范围可以说是无限的,因为在研究人员所创想的关于普适计算的宏伟愿景里,任何对象都能被赋予计算能力,并散布于任何环境。不久的将来,具有意识和响应能力的网络化对象和空间,将会创造出一种所谓感性之物的环境,这些感性之物能够活跃地与人类交互,并进行物与物之间的交互。至于政治方面,利用连通性构建出争胜性集体,普适计算系统在接合过程中具有实现争胜性目标的潜力。这些集体具备政治性与争胜性,因为它们使用户和对象能够一起参与到生成、探索,以及争辩出各种社会问题和境况的替代性选择。

尽管当今的商业普适计算系统,例如"环境雨伞"等设计,都开始实现了早期普适计算的承诺,即把计算渗透到日常事物当中,但大多数这样的例子依旧是相对过时的设计。它们构建的集体维持并延续的是常见又普通的关系。例如,在"环境雨伞"的设计中,在众多关系与相关性中只有两个点被结合起来:通过以往被用来缓解恶劣天气的物品,使恶劣天气的相关新闻变得可知。用户不必通过收听天气预报就能获此信息,继而伸手去拿伞;他们可以在天气预报发布的当下就拿到伞。这样做很明智,甚至有可能很有益,但这些用处并不适合作为普适计算真正的、令人信服的证据,因为它们没有促进人类之间、物之间以及问题之间产生新的关系,也没能激活新的行动形式。除此之外,"环境雨伞"的设计既没有解决政治问题,也没有突出强调普适计算的政治潜能。诸如"孢子1.1""天然保险丝",以及"感性城市生存包"这样的系统,它们的功能之一就是证明在普适计算设计与产品开发等主流实践与话语之外还有其他选择。作为已被证明的替代性选择,这些产品的操作方式类似于我们在第三章讨论过的机器人。它们的功能是充当物、情境、机遇以及后果的范例。就像凯利·道布森的作品"布兰迪"和"奥姆"一样,它们挑战了人们关于社交机器人学的假想和目的的传统认知,好比"孢子1.1""天然保险丝"和"感性城市生存包"项目,也让我们重新思考普适计算的语境和涵义。所有这些案例和设计之物,不单只是对现状做出批判,还为可能性的替代方案提供了实质性的证明,并从离散抽象争论形式转为可体验具象的争论形式。通过使用"天然保险丝",用户不再只是抽象地争论能量消耗、合作、保存的伦理问题,而是实际参与到具体的模型当中。使用"布兰迪"也是一样,用户不再疏远地讨论机器人与情感的问题,而是直接以情感化的方式与机器相处。

事实上,接合可以被认作与重新配置相似的一种策略,只是规模上有所不同。作为一种策略,接合趋向于针对不同种类的对象发挥作用,与重新配置的那些案例相比,这些对象差异较大且分布较广。在某些情况下,分布跨度与差异仅仅只是定义的问题,它们决定了一个对象或一种集体的构成内容。例如以下这个具有挑战性界限的案例:一组机器人在一起工作,它们一大群或许都致力于同一个目标,又或许与科学家一起合作,由一群机器人和众多其他设备共同工作,比如火星漫游者机器人等。但是在更多情况下,规模导致的差异十分明显。例如,"布兰迪"由工具型的厨房搅拌器与单一的用户构成,但是"孢子1.1"则包含了从个人消费者到跨国公司,从单一植物的生物健康状态到商家的经济状况等。

或许对于设计学者和活跃于一线的设计师而言,最重要的是通过接合的过程去理解——通过在物、人类、空间以及行动之间建构关联——每个元素被转变的身份与意义。一株植物不只是一株植物,一个咖啡杯也不只是一个咖啡杯,一把雨伞也不只是一把雨伞。通过设计,它们成为了人们用来参与提问与争论的对象,从而激活并探究政治问题及其内在关系。这种变革式的变化超出了对象本身,还包括了使用与用户的社会化与实物化语境。用户现在就成为了政治化的行动者。在这些争胜性的普适计算系统里,用户参与了质问与争论,他/她决定了在什么时间使用多少度电,是否加入构建平行数据网络或参与破坏监视系统,又或是否以及怎样干涉照顾植物的过程。通过争胜性集体的设计,个人得以开始正视一些新的方式,凭借这些方式,用户不仅见证了何谓对抗性设计,而且还亲身参与了争胜性行为的实践。

第五章　作为探究与实践的对抗性设计

在这本书里,已经介绍了许多对抗性设计的例子,其中包括揭示军事与大学研究项目之间纠葛关系的软件、互相谩骂的社交机器人,以及阻挡监控系统的雨伞等。以上每一个例子都阐明了设计如何实现争胜性目标。这些人工物和系统都具有对抗性,因为它们表征并规定了当代社会的政治境况,并作为争辩式对象,挑战了主流的实践和议程,也提供了多种替换方案。它们例证了一系列可以实现争胜目的的策略——揭示霸权、重新配置剩余物以及接合的集体。伴随着这些策略一起的是为争胜性行为提供独特能供性的计算化特质,强调利用计算做设计的意义,尤其是更突出了利用计算来做政治性设计的意义。

到目前为止,本书也已经介绍了对象类别、计算化特质以及策略等三者之间的区别。此外,还分别突出了三者各自的特别之处,并描述了设计如何完成争胜性目标。最后一章,我们将简略地从两个方向来拓展对抗性设计的概念——作为一种探究以及作为一种实践。这两个方向为当下的对抗性设计学术研究提供了资料,并概括介绍了对抗性设计如何交由在职设计师(practicing designers)来实践等问题。

· 作为探究的对抗性设计

与设计一样,探究(inquiry)并不是陌生的术语,但其内涵又十分模糊。美国实用主义哲学家约翰·杜威(John Dewey)对探究的目的曾提出过深刻的见解,它帮助解释了对抗性设计何以作为政治境况下的某种探究。对杜威来说,探究是针对含糊的、缺乏明确意义与影响的事态过程。杜威(Dewey,2008:105)用"不确定的、未解决的、困惑的"等词语来描绘这些事态的特征。正如杜威所言(Dewey,2008:104):"探究即有控制或有指导地把不确定的情境变换成一个在区别成分及关系成分上十分确定的情境，以致把原情境的各要素转化为一个统一整体。"简单来说，探究的过程为模糊的事物提供了清晰的认识，而提出清晰认识的目的是为了采取行动。探究的结果应该是对其意义和影响的理解，这样人们就可以更好地做出决定或者针对事态采取行动。

着眼于将对抗性设计描述为一种政治境况下的探究，本书以杜威的理论为基础提出以下观点：探究是一个熟练（skilled）的检验与重建过程，其目的是使问题情境变得可感（sense-able）。"熟练"和"可感"的提法在这里非常重要。所谓探究是一种熟练的过程，是因为要进行分析和综合（synthesis）就需要思考和行动的能力。所谓"可感"这里指的是，探究的过程让问题情境变得能够被感知和体验。因此，探究的过程使得杜威（Dewey，1954：126）所谓"迅猛扩展，成倍增长，程度加剧，并且愈益复杂"问题情境的诸方面日益显然而众所周知，从而能够得到更好的强调与实践。

另一种描述的方式，用一种更设计师式的语言来说的话，即探究的过程为问题情境赋予了形式（gives form）。通过探究的过程，事物的要素被挖掘、分析并且综合成一个新的整体——一个具有可感知结构和意义的连贯对象或事件。这里，从字面上理解，探究的过程确实为问题情境赋予了形式，因为探究的过程为那些模糊的事物产生了明确的形状和实质。

通过制造争辩对象的过程，对抗性设计成为政治境况下的某种探究。政治境况是典型的问题情境，它们由多种行动者（actors）和对象组成，每一种组成又具备多种议程及影响，这让它们表面上看很不一致。作为探究的对抗性设计为原本混乱的情境提供了一种表达和体验的方法。我们再回头看看社交机器人的领域，正如在前几章讨论过的，社交机器人汇集了多样化多领域的技术、实际和想象化的功能、工程实践、关于社交构成的信仰（有些是通过科学知晓的），以及超过百年的文化史及表达。用杜威的术语来看，社交机器人的情境并不明确。这种不确定性的依据基于机器人学本身的话语以及关于社交机器人是什么、可能或者应该是什么的多种矛盾主张。社交机器人的政治问题——什么是人与机器人关系的特征——似乎很模糊。此外,机器人学的构成要素——上述那些技术、功能、实践、信仰以及表达——之间的关联和联系也互相脱离。由于较少的相关评论与实践,乍看之下或许很难理解它们的意义或暗指。

作为政治境况下的探究方式,对抗性设计为混乱的要素提供了秩序。对抗性设计以物化形式借鉴并例示了社交机器人的政治议题。而且,通过一系列的综合,它制造出了一种可感的机制。比如,重新配置剩余物的策略确定了在人工物与系统的设计里涵盖了哪些内容又排除了哪些内容;接着,通过交流那些转化了传统,假设并夸大了被排除之特性的设计之物及其决策的意义。通过机器人的设计,比如凯莉·道布森的布兰迪与奥姆机器人(Dobson,2007a)或者马克·博伦的艾米与克拉拉机器人(Böhlen,2006a),它们的包含物与排除物以及两者的意义都被塑造成可感的体验。每个机器人的设计都聚集了社交机器人设计的多种要素并且将它们综合成清晰明了的形式,这些形式为那些与机器人相处的人或考虑使用它们去辨别与鉴定社交机器人问题与影响的人提供了可能化的途径。

因此,我们说对抗性设计为政治境况赋予了形式。这就意味着,设计之物确实能为政治境况提供真正具有指向性的东西:它们可以是政治境况的诸表现,具有表现性的任何形式。这种表现形式可能是一个机器人、一种视觉化、一个普适计算系统,或者任何其他设计之物。具体采取什么样的格式来表现政治境况并不重要,重要的是要确定存在一种形式且是可以被考虑的对象。当以计算技术工作时,这个对象物则通常呈现出多种表征。

利用计算能力的变化,这些设计之物能够成为产生政治问题的对象,并且让人们借由有意义的政治方式与它们进行交互。浏览器插件程序"军事学术产业园区聚合器"(Knouf,2009)和"油标"(Mandiberg,

2006)说明了通过使用制定问题的概念,以及当用户上网时在军事研究经费以及石油领域执行霸权的议题。乌斯曼·哈克的"天然保险丝"(Harque,2009)项目则是另一个相关案例。它将从属关系与影响力结合成一种网络形式,当进行能源消耗与资源管理等活动时,让用户参与到政治议题及其结果的模型的形成过程当中。每一个项目都可以看作在为政治问题提供实质性解答。作为政治境况下的探究方式,这些项目将某种情境的混乱要素转化成一种对象物与一种体验,让人们能够去感受进而理解它。

·作为实践的对抗性设计

自此,本书已经强调了使用对抗性设计作为一种参与对象诠释的方式,以及作为政治境况下的探究方式。在以上两种情况中,对设计学者而言发现并解释设计之物的政治品质和潜力是其重要任务。但是也可以认为,争胜性对设计的用途在于提供了生成式框架,而设计的作用是作为一种积极政治实践的塑造方式。在这样的实践里,完成争胜性工作便是在明确表达设计的意图。

把争胜性作为生成式框架,也让我们将对抗性设计看作为一个过程。在这个过程中,对抗性设计的策略——揭示霸权、重新配置剩余物以及接合的争胜性集体——成为实现连续性实践的场所。[1]虽然在这本书里没有以上述立场考虑它们,但是每一种策略都可以被看作是进入下一阶段的基础与引导。第一个策略,揭示霸权,由确定和记录当代社会权力和影响的结构和模式所组成。从中得到的见解可以被用来评估要么被突显、要么被排除的议程与愿望,因而为重新配置剩余物之策略提供了基础知识。这些剩余物亦可以融入第三个策略,即接合的争胜性集体——设计一种可供竞争的参与式空间,其中的结构和排除物可能会得到人们体验式的相处、挑战以及替代式的选择。在每一个阶段,人工物与系统的构想和制作将为政治议题及其境况的呈现扮演某种角色,让它们能够为人所知并且能够得到执行,从而为下一阶段的行动提供素材。

对抗性设计作为政治境况中的意图化探究实践,使政治设计超越了意识的高地及其批评。意识的高地与批评在政治对话中是很重要的两个方面,但设计能为其提供更多的内容。设计能产生一种行动转向,即通过物化与体验的形式模拟可替换的现实以及可能性的未来。这为依照现在的样子来检视与重建政治境况提供了基础,同时也为可能的政治境况想象奠定了基础。马克·谢泼德的"感性城市生存包"暗示了这种能够实现政治境况表面重建的设计形式。例如"CCD-隐身雨伞"(Shepard,2009b)和"自组织暗网络旅行水杯"(Shepard,2009a)这样的项目便不只是提高意识或提供批评了,它们展示了社会科技结构其他秩序的可能性,让我们能够用另一种方式在这个世界上行动。这些项目使得或至少以某种标准形式使得我们既身处于网络文化之中,又能与监视周旋,媒介的参与价值就此体现。谢泼德的项目包括工作原型,它们的技术实践证明了这些设备以及行为选择的实现是可能的。这些原型被用来实现创意,而且即使是存在那些不可信的理由也无法拒绝它们。尤其在我们高度赞扬技术价值的当代文化中,由于其有效性,这些工作原型引起了人们的注意力。"CCD-隐身雨伞"和"自组织暗网络旅行水杯"或许永远都不会成为商品,但这并没有影响它们能够预示未来发展趋势的潜力。就像工程与计算科学样本能够为未来的产品特色和性能奠定基础一样,我们也可以把对抗性设计看成某一种类型的样本,据此为未来通过产品和服务来体验并产生的政治行动与境况确定方向。

在为未来行动与境况提供可信的模式概念中,设计师式的形式价值已经变得很明显。借助美学以及表达产品类似品质的重要性在诸如机器人与普适计算的人工物和系统中得以放大,其中对于大多数人来说参与到其中并使用它们的机会则相对有限。通常,在科技研究、设计及其发展的领域里,公开呈现或直接体验到的只是人工物或系统的程序——而非人工物或系统本身。在某些情况下，还只是行动中的原型产品的程序。例如，谢泼德的反监视设备"CCD-隐身雨伞"的程序文档则包括了（但是真实并且可用的）从CCD摄像机录下的影像片段截图，由此也证明了人工物破坏试图追踪虚拟用户的计算机视觉系统的能力。但是即使在这种情况下，程序文档也只是部分的、提示性的以及基于叙事的。通过这种项目以及其他基于程序文档作为首要公共形式的项目，传统的设计技巧和策略体现出了特殊的重要性。

120

如果没有机会投入到实际的使用当中，用户便只是设计表现的观众而已。关乎既定设计成败的一个至关重要的因素便是编制程序文档的能力，它能将观众纳入强制性的使用情境之中。设计的挑战是给观者提供一种关于人工物和系统使用起来会是什么样的说服性建议，以便让观者好似正在使用人工物或系统一样去体验程序文档。这是一种挑战，对于传统的设计方法与形式而言尤其如此，因为大多数设计的目标正是为了沟通潜在的使用体验。即使在消费品领域，购买产品也往往依据其功能的阶段式表达，即暗示使用产品时将会体验到何种感觉。

或许批判式设计能够引起关注的一个原因是那些参与到批判式设计的人更趋向于成为专业的产品设计师。他们明白如何将技术变为商品和服务，并且具有将可能化产品合理化表现甚至点石成金的出众能力。比如，安东尼·邓恩和菲奥娜·雷比为伦敦的科学博物馆开发的项目"这是你的未来吗？"（*Is This Your Future*，Dunne and Raby，2004），探索了在不久的将来人们可能会生产个人化生物电源的场景。这个项目介绍了一种饲养老鼠，是为了最终以它们作为家庭电器电量来源的概念。为了探究和表达这种概念，邓恩和雷比制作了一系列产品模型、照片，甚至包括一本指导未来用户如何避免与终将牺牲的宠物产生情感依恋的产品手册。尽管这个想法残暴且内容绝望，邓恩和雷比仍创造出了一种产品可信且具备审美诱惑的设计概念。视觉表征与实体原型这样的结合使用，用来与潜在用途进行沟通，这是设计实践的传统方法和形式被用来实现争胜性目标的又一个案例。

·对抗性设计的实践之限

有些人可能不太赞同我的观点,即我认为产品制造的专业实践与设计的形式美学相结合是实现争胜性目标很重要的价值。由于受到剥削性政治美学的牵连,质问审美交易是否存在的问题也实属正常。就像托马斯·弗兰克(Thomas Frank)在他的文章《为什么约翰不能持有异议》("Why Johnny Can't Dissent")(Frank,2004)中所说,冲突和差异,尤其是在服饰、音乐和文学等大众物质与视觉文化的装饰之下,并不是革命的火花,而是为收获"下一个大突破"而提前播种的种子。或许同样的说法也适用于对抗性设计。对抗性设计确实利用了美学的吸引力。但因此就能否定或减少对抗性设计的政治潜力吗?我认为并非如此,不管怎样,对抗性设计打破了设计学界的认知惯习,使之去接纳更具流动性的政治化概念,而对激进、革命以及对立性(oppositionality)等概念并不抱有过分浪漫的想象。

以设计来实现争胜性目的并不是一种与普通领域的设计与科技相对立的实践行为。可视化并不是用来反可视化的,机器人也并不是用来反机器人的,普适计算的产品和系统也不是用来反普适计算的。很多从事对抗性产品与服务的概念化及实践的设计师、艺术家和工程师们深入合作且都全心致力于这些技术领域的发展。为了呼应争胜性的基础是一种政治理论的观点,这些人工物与系统可能与这些领域的论述以及这些论述被物质实例化的方式等两者的关系也是对抗性的,但是对抗性产品和服务并不会彻底摧毁它们所在的领域。例如道布森的奥姆与布兰迪,抑或是博伦的艾米与克拉拉,它们的存在并非证明了机器人追求技术或社会文化进步在本质上存在着问题或错误,相反它们强调了机器人能够且或许应该实现定制与设计的差异化,其假设、视角、发展轨迹也都应该有所变化的观点。

另外,这些被定性为对抗性的对象,在这些词语的常识性概念里也并不激进或具有革命性。但类似于"对手"（adversary）和"争论"（contestation）的词语却经常与激进或革命者联系在一起。此外，很多时候，那些被打上"激进"或者"革命性"标签的东西常被与斗争或社会构架和进程的浪漫化概念捆绑在一起，它们基于的假设是左派与右派或赞成派与反对派这些统一而固化的位置，而非动态势力与结构，更适合定性当今的政治境况。说起这些在历史意识中被认为是激进和革命性的设计之物，人们的印象通常是浮夸和不成熟。对抗性设计是一种策略的主题与集合，并且它天生多元，适用于广泛的政治领域与议题。不过对于政治剧变，对抗性设计也无法做出承诺。因此，将所有对抗性设计泛化为革命性的或激进的做法是错误的，因为这将会使人们对这些项目产生不切实际的期待。

·**评判对抗性设计的挑战**

由于对抗性设计与政治的关系，对它的评判必然会面临压力。设计为政治带来的影响可以被衡量，因此政治性设计的影响看似好像也可以被衡量。如果不是这样的话，对抗性设计的目的和后果又是什么呢？这些观点有些道理，但是为政治而设计（design for politics）与政治性设计（political design）是两种完全不同的事情，并且两者的区别也影响了它们被评判的方式。为政治而设计与政治性设计的评判相比，前者的领域相对简单，因为它的目标更清晰，衡量标准也更明确。对为政治而设计感兴趣的研究者可以实施一系列的观察并进行实证分析，从而推测某个具体设计所带来的影响，一般来说，这种测量影响的方法甚至也可能适用于普通设计。例如，对美国平面设计协会（AIGA）"为了民主的设计"的选票与选举设计项目的研究显示，选票与选举地点引导标识的设计变化能帮助人们更好地理解选票并且投出选票，而且这些设计带来的影响可通过可用性测试来测量（Hewitt，2008）。为政治而设计——在这里，设计的目的是改善官方管治的机制与程序——从而可以作为设计影响特定管治机制和进程的证明。

然而，政治性设计，无法像为政治而设计那样进行实证式评估。本书在前几章已经概述了一些可用来更好地描述和分析政治性设计的策略和主题，这些策略和主题为评判政治性设计提供了基础条件。如本书开头所述，应首先对实现争胜性目标的设计之物进行评判。也就是说，策略及其策略的变量——比如揭示霸权与揭示所在立场、重新配置剩余物以及争胜性的具体化，或清楚地表达争胜性集体与反集体等——同时为描述、分析以及评判提供了所需的争论特质。因此评判的基础之一就是既定的设计之人工物或系统，如何以及在何种程度上实现这些策略。例如，人们可以通过研究可视化来确定它们实施争胜性行为的能力。它们是否假设了可识别的政治立场并且传达了霸权结构的特征？它们是否产生了表征或促成了法令的确立，以及如果确立了法令，在霸权结构当中这些法令在什么程度上影响了用户的自身立场和角色的反思式体验？或者可以说，人们可以检视普适计算系统提供参与机会的方式，诸如人们以此探索、挑战、抗争或者接受问题。它们是否留出了可争论的空间，或它们是否在争论空间里设计并前置了特定的伦理规范与立场？它们是否为政治参与和表达方式激活了新的空间，并通过链接政治意义与物、环境以及行动的意义而做出转变？

· 作为参与性实践的对抗性设计

设计之物可以完成争胜性工作或者作为一种强调物体本身特质的探究。但同时还存在了另一个相反的（tangent）变量，使对抗性设计作为参与性实践的设计。作为一种参与性实践，对抗性设计参与到小组与社区之中，并且利用设计来以集体的、合作的方式探索政治境况并表达政治问题。通过这种实践，对抗性设计能成为一种孕育公共政治行动的新方式。

本书的引言以及第四章中关于普适计算与争胜性集体的描述都为

对抗性设计作为参与性实践提供了暗示。例如,耶雷米耶克的"野性机器狗"(2002年至今),便显示了对抗性设计作为参与性实践的可能,其中设计师与艺术家出于政治目的,利用技术手段与他人合作。那些与耶雷米耶克一起黑客到机器狗内部重新编程并释放机器狗用于探测毒素的人,就是在采取政治行动并在从事着争胜性行为的工作。在关于争胜性集体的策略之中,值得注意的是,它将他人及其行为加入到并且转换为政治表达。通过使用日常生活政治化的产品,用户也参与到政治表达之中。例如那些使用谢泼德的"CCD-隐身雨伞"的人,或许会被认为是通过反抗监视系统从而参与到一种政治性导向的行为当中。然而使用哈克的"天然保险丝"是为了参与与他人合作的政治化交互,共同探索能源消耗和资源管理等问题。无论如何,参与并不是这些项目的本质目的,并且对抗性设计的参与性实践仍然需要走得更远。在这些例子中,用户并不是政治行动的煽动者,在设计活动与使用行为这两者之间也存在着明显的差异。尽管参与性实践作为某种类别的对抗性设计获得了成功,但是否存在其他更具参与性的方式来达到争胜性的目标,这一问题值得更加深入的探索。

参与性设计实践为对抗性设计如何呈现变化提供了丰富的洞见。这些实践在专家人群的范围之外开放了设计的过程,并且邀请了那些受设计之物影响的人,以及对产品与服务进行想象、概念化与创造等环节的相关人士加入其中。从历史角度来看,参与性设计的实践已经很明显地被政治化了。斯堪的纳维亚地区的参与性设计的起源便携带了联盟政治以及劳动者权利等因子,并参与到了建构其工作环境等议题之中。在当代参与性设计当中,争胜性理论逐渐出现并且被作为通过设计来理解新的政治行为的有效框架。学者埃尔林·约克文森(Erling Björgvinsson)、佩尔·恩(Pelle Ehn)以及潘爱德·希尔格伦(Per-Anders Hillgren)等人(Björgvinsson,Ehn and Hillgren,2010:48)最近利用墨菲以及争胜性概念来讨论参与性设计的过程如何产生"争胜性公共创新空间",这种空间使公众表达的意见分歧及其引发的争论都能通过设计活动来完成。正如本书对这些对象物的探究一样,约克文森、恩以及希尔格伦也将争胜性作为一种参与性设计活动及其成果的分析框架。同样的,将对抗性设计从造物的分析式框架拓展到生成式框架,我们也可以将争胜性视为参与性设计的生成式框架。参与性设计的核心是建构能够引发并支持设计过程链接的方法和工具。这些方法与手段主要关注于工作场所布置的产品与服务。但是我们同样也可以考虑,为对抗性设计引发并支持某种参与式方法,并为此建构方法和手段。

基于本次针对对抗性设计的讨论及其经验,也形成了一种对抗性设计的参与式实践。每一种策略均可通过集体的与合作的方式来实施。同时,作为一种探究的过程,设计师和非设计师都可以参与其中。这种探究的成果,包括问题及其构成要素的确定,公众的参与比起设计师单独的参与或许会更明显。这类合作的结果可能是通过参与设计从而拓展政治议题及其关系的领域,从而为争论提供了更多场所和主题。

本书讨论过的项目所具有的共同特点之一是巧妙利用计算作为媒介,这就得取决于对计算技术的丰富知识的积累以及专业化的操作技能,而这些显然超出了公众新手能在短时间内掌握的知识与技能范围。

此外,还有很多对抗性设计的例子也都影响并促进了产品制造专业知识的精进,同时也以形式美学策略引导着人们使用相关产品。这些对于公众新手却并不适用。我们有很多理由以不同的角度想象参与式对抗性设计,但却没有理由忽视其追求的目标。参与式对抗性设计的一部分可能包括有助于发展参与者的技术能力与设计水平的教育计划。或者一种参与式的对抗性设计能够开发出一种新的审美方式,即保留各种争论的可能性而不至于走极端,或聚焦于建构公众而非制造产品。参与式对抗性设计的所有这些潜能都值得密切留意。

如何从不同角度来设想对抗性设计?用这个问题来结束本书是非常合适的,因为它例证了争胜性行为的核心原则——那就是必须不断追求争论的新营地及其实践,而且这一争论永远不会结束或者一劳永逸地解决。正如墨菲（Mouffe，2005a：807）所说："若要以政治方式思考，就必须放弃所谓最终会和解的梦想，同时也要坚信不会产生具有共识的公共空间类型。因为，民主政治追求的便是形成一种具有多样性的、争胜性的、对抗性的公共空间。"

从事对抗性设计与利用设计达成争胜性行为愿景相似。如果我们不再坚持以下的看法，即任何设计都可以完全地甚至充分地处理我们的社会关注或解决我们的社会问题，那么对抗性设计就能够通过其产品、服务、事件或过程等形式去表达或参与政治关注与问题，为我们提供那些对抗的空间。从事对抗性设计就是愿意相信，我们能够通过发现并且创造表达的方式实现有益的分歧与争论。

注　释

第一章　设计与争胜性

1. 欲参考"野性机器狗"项目的程序说明书,请访问以下网址:http://www. nyu. edu/projects/xdesign/feralrobots.

2. 有关批判性设计的概述,请参见邓恩与瑞比(Dunne and Raby,2001)的研究;有关战略性媒介的概述,请参见加西亚与罗维柯(Garcia and Lovink,1997)以及雷利(Raley,2009)的研究。

3. 例如,"UNESCO 设计 21:社会设计网络"的网站(http://www. design21sdn. com)、"世界改变中"(World Changing)的网站(http://www. worldchanging. com),以及"设计利他主义计划"(Design Altruism Project)的网站(http://www. design-altruism-project. org),将当代社会设计的案例进行了编年整理,并建立了非正式与正式的资源与参与者网络。"设计＋"计划(The ＋Design),由国际平面设计协会(ICOGRADA)举办,是第一个由专业设计组织主办的活动,旨在推动设计师去发掘解决社会问题的方案。

4. 关键文本来自哈贝马斯(Jürgen Habermas)与约翰·罗尔斯(John Rawls)关于协商民主的研究,请参见贝塞特(Bessette,1994)、埃尔斯特(Elster,1988)、哈贝马斯(Habermas,1989,1993,1996,1996b)和罗尔斯(Rawls,1971,1993)。对上述文本及其与争胜性民主立场进行评论,参见墨菲(Mouffe,2000a)。

5. 关于 AIGA 的"为了民主的设计"项目的概述,请参阅网址:http://www. aiga. org/design-for-democracy.

6. 关于"百万美元街区"项目的文档说明书,请访问以下网址:http://www. spatialinformationdesignlab. org.

7. 关于非公开出版的《模式》与《建筑与正义》等书籍以及"百万美元街区"项目的文档说明书,请访问以下网址:http://www. spatialinformationdesignlab. org.

8. 参见网址:http://benfry. com/isometricblocks.

9. 参见网址:http://www. dunneandraby. co. uk/content/home.

10. 参见网址:http://www. critical-art. net.

11. 参见网址:http://www.appliedautonomy.com/isee.html.

12. 关于政治性海报以及其他形式的政治性平面设计的概述,参见格拉泽和伊利奇(Glaser and Ilic, 2006)、拉森(Lasn, 2006)以及麦奎斯顿(McQuiston,1995)等人的研究;关于克里斯托夫·沃迪斯科作品的概述,参见沃迪斯科(Wodiczko,1999)的研究。

13. 关于构成主义与包豪斯的概述,参见费德勒与费拉本德(Fiedler and Feierabend,2008)、弗兰普顿(Frampton,2007)、格罗皮乌斯(Gropius, 1965)、詹姆斯-查克拉博蒂(James-Chakraborty,2006)、马格林(Margolin,1998),以及瑞基(Rickey,1995)等人的研究。

第二章　揭示霸权:争胜性的信息设计

1. "状态机器:行动者"参见网址:http://state-machine.org.

2. "为名字命名"参见网址:http://www.nytimes.com/interactive/2007/12/15/us/politics/DEBATE.html.

3. 关于可视化作为新闻形式的探讨,参见博戈斯特、法拉利和施瓦泽(Bogost,Ferrari, and Schweizer,2010)等人的研究。

4. "回收站"可访问以下网址:http://artport.whitney.org/commissions/thedumpster.

5. "我们感觉良好"可访问以下网址:http://www.wefeelfine.org.

6. 花蕊(Stamen)设计工作室的作品则提供了互动地图产品与服务的特殊案例,将空间数据、照片、用户生成的内容整合起来,呈现出转码的力量。在 2010 年,花蕊工作室发布了两款产品,"多元地图"(*Polymaps*)与"漂亮地图"(*Prettymaps*),都能使设计师与终端用户建构出视觉丰富的地图效果,整合并显示出媒体内容的多元样式。详细内容,可参见以下网址:http://www.stamen.com.

7. 中央情报局的"世界事实录"(*World FactBook*)项目,可参考以下网址:https://www.cia.gov/library/publications/the-world-factbook.

8. 绿色和平组织的"黑名单"(*Blacklist*)项目,可参考以下网址:http://www.greenpeace.org/international/en/campaigns/oceans/pirate-fishing/Blacklist.

9. 关于社会网络分析软件的完整列表,请参见 http://www.insna.org/software/index.html,由社会网络分析国际网络(International Networks for Social Network Analysis)提供。关于社会网络分析的技术方法与问题,可参见布兰德斯与厄尔巴赫(Brandes and Erlebach,2005)的研究。

10. "规则"项目可访问以下网址:http://www.theyrule.net.

11. "埃克森秘密"项目可访问以下网址：http://www.exxonsecrets.org/maps.php.

12. 音乐混搭也是一种类似复合物的混音插件。但它仍然不能识别或者分离原材料，而这恰好是复合物的特征所在。音乐混搭插件吸引人的一点在于，它能够识别某个音乐家挪用或使用其他音乐家的一段节奏或歌词，或串联起来形成全新的第三个音乐作品。正如混音器能够与诸如唱盘、混频器、磁带等工具合作一样，混音插件也能使用其他很多数字音频工具。软件包可能执行两种基本操作——两首歌曲的节拍匹配，以及集成节拍并通过软件均衡器的乐器轨道区分声乐。制作混搭的简单方法是，截取某个艺术家的音轨，去除人声之后，将另一个艺术家的人声叠加在前一个艺术家的音轨之上。尽管这种混搭现象的历史非常丰富且发展成熟，但引起人们的关注是缘于 2004 年神勇小白鼠(Danger Mouse)名为《灰色专辑》(The Grey Album)的作品，该专辑叠加了多位音乐人的无伴唱人声，从饶舌说唱歌手杰伊-兹(Jay-Z)的《黑色专辑》(The Black Album)的多个音轨，到披头士的《白色专辑》(The White Album)，从而产生了一种全新概念化的、引人注目且具有审美吸引力的、但完全未经授权的音乐专辑，因此也是非法的全新拼盘专辑，却也受到了业界批判式的好评，同时还收到了音乐版权的持有者 EMI 公司的警告信。

13. "无影响"项目可访问以下网址：http://unfluence.primate.net.

14. 阳光基金会是一家非盈利性组织，致力于通过使用该数据从而获取政府相关的数据与应用程序编程端口(APIs)，以提高政府的透明度与问责制。

15. 尽管插件一词可以指涉任何种类的软件应用，但它最常见的用法是作为网络浏览器软件的应用。

16. "军事学术产业园区聚合器"(MAICgregator)可访问以下网址：http://maicgregator.org.

17. 参见以下网址：http://maicgregator.org/FAQ.

18. "油标"可访问以下网址：http://turbulence.org/Works/oilstandard.

19. 关于如何仅通过操作插件玩游戏及其如何与计算媒介具有广泛的联系，参见博戈斯特(Bogost,2007)的研究。

20. "军事学术产业园区聚合器"(MAICgregator)允许用户调整设置，以撤销无缝性(seamlessness)特性。

第三章　重新配置剩余物：与社交机器人的争胜性相处

1. 请参见赫伯特·西蒙(1996)的研究，被认为是关于经典人工智能的权威文本,西蒙的研究认为,智能是一种符号化操控。关于符号化操控与计算智能关系的辩论,早期起源于人工智能领域的休伯特·德雷福斯(Hubert Dreyfus,1972),到约翰·豪格兰(John Haugeland,1985),再一直延续到 20 世纪 90 年代科学研究领域的露西·萨奇曼(Lucy Suchman,1987)等人。关于"新式人工智能"的概述,请参见罗德尼·布鲁克斯(Rodney Brooks,1999)的研究。

2. 关于 PARO 的文档说明书,可访问以下网址:http://www.parorobots.com.

3. 关于工程师与设计师对于"心灵承诺机器人"而言的意义的讨论,可访问以下网址:http://www.paro.jp/english/about.html.

4. 在 PARO 的整个研究与市场营销的相关文献当中,贯穿始终的主题不断被重复。PARO 是先进工业科学和技术国家研究院的工程师与科学家的合作成果。关于 PARO 作为动物式疗法的观点,可参见井上薰、和田一义以及伊藤悠贵(Kaoru Inoue, Kazuyoshi Wada, and Yuku Ito,2008)的研究。

5. 关于 PARO 出版物列表,可访问以下网址:http://www.parorobots.com/whitepapers.asp.

6. 同上。

7. 关于 PARO 营销与公共定位的概述,可访问以下网址:http://www.parorobots.com.

8. 与之相关的深入讨论,请参见谢里·特克(Sherry Turkle,2011)的研究。

9. 现象学是一种多元化领域,关于具身性的处理十分的严谨与细致,但是在现象学感知的层面,具身性指的是一种事实,具有身体(body)的实体,以及从最初立场上来看,哲学的问询也在讨论身体特性与既定实体的世俗能力与体验之间的关系。从现象学来看,体验与身体都是问询发生的场所,在那里术语及其意义才能对象性地显现出来。例如,对于莫里斯·梅洛-庞蒂(Maurice Merleau-Ponty,1962)而言,他所强调的并不是一种通用意义上的生理学身体,而是他所谓的"现象学身体",这是一种独特的个人化身体,能够指导我们在世上处理与他者的关系(人与物)。关于现象学与计算媒介以及具身性的讨论,请参见保罗·多尔希(Paul Dourish,2001)的研究。关于具身认知的概述,可参见安迪·克拉克(Andy Clark,1997)、乔治·莱考夫和马克·约翰逊(George Lakoff and Mark Johnson,1999)以及玛格丽特·威尔逊(Margaret Wilson,2002)等人的研究。

10. 请参见露西·萨奇曼(Suchman,2006:241—258)关于艺术家斯特拉克(Stelarc)与约翰·约翰斯顿(John Johnston,2008)作品的讨论。

11. 关于布兰迪（Blendie）的文档说明书，参见凯利·道布森（Kelly Dobson，2007a）的研究，以及访问以下网址：http://web. media. mit. edu/～monster/Blendie。

12. 同上。

13. 尽管恩斯特·詹斯特（Ernst Jenst）在其 1906 年的论文《论诡异心理学》中首次讨论了诡异概念，但一般仍然认为西格蒙德·弗洛伊德（Sigmund Freud）是对诡异解读的主要来源。

14. 这部电影是《鬼来电》（Chakushin Ari，2003）的翻拍作品。

15. 鉴于机器人学技术的局限性，以及基于实验室研究的限制，关于"恐怖谷"的研究具有相当的挑战性，因为它很难去建构一种机器人和一种情境，从而可以以科学的方式测量诡异的体验。尽管如此，在人—机器人的交互领域，关于"恐怖谷"的主题研究越来越多。比如迈克·沃尔特斯（Michael L. Walters，2008）与其同事的研究，以及金昌浩（Chin-Chang Ho）、卡尔·马克多曼（Karl L. MacDorman）和松尾雅文（Z. A. D. Dwi Pramono）等人 2008 年的研究。

16. 关于不同于单一关注效力，而转向信息与通信技术设计的多样化主题的概述性研究，参见威廉·J. 米切尔（William J. Mitchell）、阿兰·井上（Alan S. Inouye）与马乔里·布卢门撒尔（Marjory S. Blumenthal）2003 年的研究。

17. 具体案例可参见菲比·森吉斯（Phoebe Sengers）、克尔斯滕·博纳（Kirsten Boehner）、吉文·大卫（Shay David）与约瑟夫·凯（Joseph Kaye）等人 2005 年的研究，以及与比尔·盖弗（Bill Gaver）等人 2006 年的研究。

18. 关于 PaPeRo 的概述，可访问以下网址：http://www. nec. co. jp/products/robot/en/index. html。

19. 关于奥姆（Omo）设计的细节讨论，可参见道布森（Dobson，2007a：98—121）的研究。

20. 艾米与克拉拉（Amy and Klara）的文档说明书，可访问以下网址：http://www. realtechsupport. org/repository/male-dicta. html。

21. 萨奇曼（Suchman，2006：241—258）在关于艺术家斯特拉克（Stelarc）作品《头部》（Head）中进行了相似的观察，该作品由大于身体的投影系统与艺术家头部的三维虚拟模式组成，软件聊天可以使假头部与画廊参观者进行对话。

22. 关于从文本到语音软件，以及艾米与克拉拉电脑合成语音的过程的深入介绍，可参见博伦（Böhlen，2006a，2006b，2008）的研究。

23. 通过这种方式，语音成为博戈斯特（Bogost，2006：3）所谓的"单元操作"或"意义制造的模式，使得离散、分离的行动成为可能"。

第四章　接合的装置：无处不在的计算与争胜性集体

1. "孢子1.1"的文档说明书，可访问以下网址：http://swamp. nu/projects/spore1.

2. 尽管在1991年，这是一种新鲜的概念，今天的电话具有惊人的计算能力，将计算而不是传统的计算机融入对象物的观念十分明显。但是，维瑟(Weiser)信奉的普适计算愿景以及大多数当代研究者均拓展了智能手机的概念，将计算融入到所有类型的对象物与环境当中。

3. "孢子1.1"项目并非使计算机消失，相反它的设计明确地将计算机纳入了人们的视野。树被养殖在一个较大的盒子里，盒子两侧并不透明，因此看不到里面安装的电线、风扇以及电路板。不再需要这么多电脑部件提供任何功能，只占五分之一空间的电路板组件便能轻易实现上述功能。但是"孢子1.1"的设计之所以引人注目，是因为它表达了在不久将来的工作愿景，显示了使日常物结合计算的探索性与实验性概念。

4. 关于介绍"环境雨伞"的营销类材料，可访问以下网址：http://www. ambientdevices. com/products/umbrella. html.

5. 我们再看看英国石油公司标识再设计的案例。通过使用希腊太阳神的字形或太阳，以及语言学的切换方式，其中字母bp代表"超越石油"(Beyond Petroleum)，重新设计的标志吸引并确立了与环境主义值得质疑的联系。

6. 碳足迹工具大多数都与辩护有关。例如，大自然保护协会提供了在线的碳消耗计算机，可访问以下网址：http://www. nature. org/greenliving/carboncalculator. 美国环境保护署也提供了类似的在线计算器工具：http://www. epa. gov/climatechange/emissions/ind_calculator. html. 这些计算器与其他无数人的努力，引导用户完成调查、收集关于家庭取暖、冷却食物以及饮食等方面的信息。从这些信息里，计算器既生成了碳足迹记录，也提出了为减少这些碳足迹，从而可能改变行为方式的建议。

7. 关于"天然保险丝"的文档说明书，可访问以下网址：http://www. haque. co. uk/naturalfuse. php.

8. 关于碳补偿的价值被设置为软件中的常数，也就是说，它是一个预定值。

9. 关于"自组织暗网络旅行水杯"的文档说明书，可访问以下网址：http://survival. sentientcity. net/blog/? page_id＝22.

10. 关于当代技术对于城市特征变化的影响的相关研究，参见曼纽尔·卡斯特（Manuel Castells，2009）、斯蒂芬·格拉汉姆（Stephen Graham）与西蒙·马文（Simon Marvin，2001），以及萨斯基亚·萨森（Saskia Sassen，2002）等人的研究。

11. 关于城市信息学与城市计算的论文集，参见马库斯·福思（Marcus Foth，2009）的研究。

12. 关于"枪击探测系统"的营销类材料，可访问以下网址：http://www.shotspotter.com.

13. 关于"CCD－隐身雨伞"的文档说明书，可访问以下网址：http://survival.sentientcity.net/blog/? page_id＝17.

第五章　作为探究与实践的对抗性设计

1. 这并不意味着人们总是需要从信息设计到机器人再到普适计算，对抗性设计的策略并不一定要与任何的对象类别、特性甚至计算的介质相捆绑。每一种策略都设定了一种流派和特性来创造一种共振配对，这样就能详细与清晰地描述它们的关系和影响，但是它们之间并不是相互依赖或排斥的关系。

参考文献

AIGA. 2008. "The Design for Democracy." http://www. aiga. org/design-for-democracy.

Bender-deMoll, Skye, and Greg Michalec. 2007. *Unfluence*. http://unfluence. primate. net.

Bennett, Jane. 2010. *Vibrant Matter: A Political Ecology of Things*. Durham, NC: Duke University Press.

Bessette, Joseph. 1994. *The Mild Voice of Reason: Deliberative Democracy and American National Government*. Chicago: University of Chicago Press.

Björgvinsson, Erling, Pelle Ehn, and Per-Anders Hillgren. 2010. "Participatory Design and 'Democratizing Innovation.'" *In Proceedings of the 11th Biennial Participatory Design Conference* (PDC'10), 41—50. New York: ACM.

Bleeker, Julian. 2009. "Why Things Matter." *In The Object Reader*, edited by F. Candlin and R. Guins, 165—174. London: Routledge.

Bogost, Ian. 2006. *Unit Operations: An Approach to Videogame Criticism*. Cambridge: MIT Press.

Bogost, Ian. 2007. *Persuasive Games: The Expressive Power of Video Games*. Cambridge: MIT Press.

Bogost, Ian, Simon Ferrari, and Bobby Schweizer. 2010. *Newsgames: Journalism at Play*. Cambridge: MIT Press.

Böhlen, Marc. 2006a. *Amy and Klara*. http://www. realtechsupport. org/repository/male-dicta. html.

Böhlen, Marc. 2006b. "When a Machine Picks a Fight." Paper read at CHI 2006, Workshop: Misuse and Abuse of Interactive Technologies, Montreal, April 22—27.

Böhlen, Marc. 2008. "Robots with Bad Accents." *Leonardo* 41 (3): 209—214.

Brandes, Ulrik, and Thomas Erlebach, eds. 2005. *Network Analysis: Methodological Foundations*. Berlin: Springer-Verlag.

Brooks, Rodney. 1990. "Elephants Don't Play Chess." *Robotics and Autonomous Systems* 6 (1—2): 3—15.

Brooks, Rodney. 1999. *Cambrian Intelligence: The Early History of the New AI*. Cambridge: MIT Press.

Buchanan, Richard. 2001. "Design and the New Rhetoric: Productive Arts in the Philosophy of Culture." *Philosophy and Rhetoric* 34 (3): 183—206.

Carlson, Max, and Ben Cerveny. 2005. *State-Machine: Agency*. http://state-machine. org.

Castells, Manuel. 2009. *The Rise of the Network Society*. Vol. 1 of *The Information Age: Economy, Society, and Culture*. West Sussex: Wiley-Blackwell. (Originally published in 1996.)

Clark, Andy. 1997. *Being There: Putting Brain, Body and World Together Again*. Cambridge: MIT Press.

Coles, Alex, ed. 2007. *Design and Art*. Edited by I. Blawick. Documents of Contem- porary Art. Cambridge: MIT Press.

Corum, Jonathan, and Farhana Hossain. 2007. *Naming Names*. http://www. nytimes. com/interactive/2007/12/15/us/politics/DEBATE. htm.

Crang, Michael, and Stephen Graham. 2007. "Sentient Cities: Ambient Intelligence and the Politics of Urban Space. " *Information Communication and Society* 10 (6): 789—817.

Critical Art Ensemble, with Beatriz da Costa and Claire Pentecost. 2002—2004. *Molecular Invasion*. http://www. critical-art. net/Biotech. html.

Dautenhahn, Kerstin, Bernard Ogden, and Tom Quick. 2002. "From Embodied to Socially Embedded Agents: Implication for Interaction-Aware Robots. " *Cognitive Systems Research* 3: 397—428.

Deming, W. Edwards. 1993. *The New Economics for Industry, Government, Education*. Cambridge: MIT, Center for Advanced Engineering Study.

Dewey, John. 1954. *The Public and Its Problems*. Athens, OH: Swallow Press.
Dewey, John. 2008. Logic: The Theory of Inquiry. New York: Saerchinger Press.

Dobson, Kelly. 2007a. "Machine Therapy. " PhD diss. Media Arts and Sciences, MIT, Cambridge.

Dobson, Kelly. 2007b. "Artist's Statement for 2007 VIDA Awards and Exhibition. " http://www. fundacion. telefonica. com/es/at/vida/popUpPremiados/html/OMO-en. html.

Dobson, Kelly. 2008. "Machine Therapy," presentation at Pop Tech. http://poptech. org/popcasts/kelly_dobson_poptech_2008.

Dourish, Paul. 2001. *Where the Action Is: The Foundations of Embodied Interaction*. Cambridge: MIT Press.

Dreyfus, Hubert. 1972. *What Computers Can't Do: The Limits of Artificial Intelligence*. Cambridge: MIT Press.

Dunne, Anthony, and Fiona Raby. 2001. *Design Noir: The Secret Life of Electronic Objects*. Basel, Switzerland: Birkhauser.

Dunne, Anthony, and Fiona Raby. 2004. *Is This Your Future*? http://www. dunneandraby. co. uk/content/projects/68/0.

Dunne, Anthony, and Fiona Raby. 2007. *Technological Dreams Series: No. 1*,

Robots. http://www. dunneandraby. co. uk/content/projects/10/0.

Dunne, Anthony, and Fiona Raby. 1997. *Hertzian Tales* 1994—1997. http://www. dunneandraby. co. uk/content/projects/67/0.

Easterly, Douglas, and Matthew Kenyon. 2004. *Spore 1. 1.* http://www. swamp. nu/projects/spore1.

Elster, J. , ed. 1988. *Deliberative Democracy.* Cambridge: Cambridge University Press.

Fiedler, Jeannine, and Peter Feierabend, eds. 2008. Bauhaus. Potsdam: Ullmann.

Foth, Marcus, ed. 2009. *Handbook of Research on Urban Informatics: The Practice and Promise of the Real-Time City.* Hershey, PA: Information Science Reference.

Frampton, Kenneth. 2007. *Modern Architecture: A Critical History.* London: Thames and Hudson.

Frank, Thomas. 2004. "Why Johnny Can't Dissent. "In *Commodify Your Dissent*, edited by T. Frank, 31—45. New York: Norton.

Freud, Sigmund. 2003. *The Uncanny.* Translated by D. McLintock. London: Penguin Classics.

Friedberg, Jill, and Rick Rowley, dirs. 2000. *This Is What Democracy Looks Like.* Blank Stare Studio.

Fry, Ben. 2008. *Visualizing Data.* Sebastopol, CA: O'Reilly Media.

Fry, Ben. 2001a. *Chromosome 21.* http://benfry. com/chr21=icp.

Fry, Ben. 2001b. *Isometric Halotype Blocks.* http://benfry. com/isometricblocks.

Galloway, Alex. 2007. "Extension 4: Network. "In *Processing: A Programming Hand- book for Visual Designers and Artists*, edited by C. Raes and B. Fry, 563—578. Cambridge: MIT Press.

Garcia, David, and Geert Lovink. 1997. "The ABCs of Tactical Media. " May 16. http://www. nettime. org.

Glaser, Milton, and Mirko Ilic. 2006. *The Design of Dissent: Socially and Politically Driven Graphics.* New York: Rockport.

Graham, Stephen, and Simon Marvin. 2001. *Splintering Urbanism: Networked Infra- structures, Technological Mobilities and the Urban Condition.* London: Routledge.

Gramsci, Antonio. 1971. *Selections from the Prison Notebooks.* New York: International Publishers.

Gropius, Walter. 1965. *The New Architecture and the Bauhaus.* Cambridge: MIT Press.

Habermas, Jürgen. 1989. *The Structural Transformation of the Public Sphere: An Inquiry into a Category of Bourgeois Society.* Cambridge: MIT Press.

Habermas, Jürgen. 1993. "Further Reflections on the Public Sphere. "In *Habermas and the Public Sphere*, edited by Craig Calhoun, 421—461. Cambridge: MIT Press.

Habermas, Jürgen. 1996a. *Between Facts and Norms: Contributions to a Discourse Theory of Law and Democracy*. Cambridge: MIT Press.

Habermas, Jürgen. 1996b. "Three Normative Models of Democracy. " In *Democracy and Difference*, edited by S. Benhabib, 21—30. Princeton, NJ: Princeton University Press.

Hall, Peter. 2008. "Critical Visualization. "In *Design and the Elastic Mind*, edited by P. Antonelli, 120—131. New York: Museum of Modern Art.

Haque Design + Research. 2009. *Natural Fuse*. http://www. haque. co. uk/ naturalfuse. php.

Harris, Jonathan, and Sep Kamvar. 2005. *We Feel Fine*. http://www. wefeelfine. org. Haugeland, John. 1985. *Artificial Intelligence: The Very Idea*. Cambridge: MIT Press.

Hebdige, Dick. 1981. *Subculture: The Meaning of Style*. London: Routledge.

Hewitt, Jessica Friedman. 2008. "Case Study: AIGA Design for Democracy Develops Best Practices for Ballot and Polling Place Voter Information Material Design on Behalf of the U. S. Election Assistance Commission (September 2005—July 2007). " AIGA Design for Democracy. http://www. aiga. org/design-for-democracy.

Ho, Chin-Chang, Karl L. MacDorman, and Z. A. D. Dwi Pramono. 2008. "Human Emotion and the Uncanny Valley: A GLM, MDS, and Isomap Analysis of Robot Video Ratings. " *Proceedings of the Third ACM/IEEE International Conference on Human Robot Interaction*, 169—176. New York: ACM.

Honig, Bonnie. 1993. *Political Theory and the Displacement of Politics*. Ithaca, NY: Cornell University Press.

Inoue, Kaoru, Kazuyoshi Wada, and Yuko Ito. 2008. "Effective Application of Paro: Seal Type Robots for Disabled People in According to Ideas of Occupational Therapists. " In *Computers Helping People with Special Needs*, edited by K. Miesenberger, J. Klaus, W. Zagler, and A. Karshmer, 1321—1324. Berlin: Springer.

Institute for Applied Autonomy. 2001. *iSee*. http://www. appliedautonomy. com/ isee. html.

James-Chakraborty, Kathleen. 2006. *Bauhaus Culture: From Weimar to the Cold War*. Minneapolis: University of Minnesota Press.

Jeremijenko, Natalie A. 2002 - present. *Feral Robotic Dogs*. www. nyu. edu/ projects/xdesign/feralrobots.

Johnston, John. 2008. *The Allure of Machinic Life: Cybernetics, Artificial Life, and the New AI*. Cambridge: MIT Press.

Joerges, Bernward. 1999. "Do Politics Have Artefacts?" *Social Studies of Science* 29 (3): 411—431.

Knouf, Nicholas A. 2009. *MAICgregator*. http://maicgregator. org.

Kurgan, Laura. 2005. *Million Dollar Blocks*. Spatial Information Design Lab, Columbia University. http://www. spatialinformationdesignlab. org/projects. php? id=16.

Kurgan, Laura. 2008. "Design Heroix. "Environmental Health Clinic Design Lecture series, April 13. New York.

Laclau, Ernesto, and Chantal Mouffe. 2001. *Hegemony and Socialist Strategy*. London: Verso. Originally published in 1985.

Lakoff, George, and Mark Johnson. 1999. *Philosophy in the Flesh: The Embodied Mind and Its Challenge to Western Thought*. New York: Basic Books.

Lasn, Kalle, ed. 2006. *Design Anarchy*. New York: ORO Editions.

Latour, Bruno. 2004. *Politics of Nature*. Cambridge: Harvard University Press.

Latour, Bruno. 2005. "From Realpolitik to Dingpolitik or How to Make Things Public. " In Making Things Public: *Atmospheres of Democracy*, edited by B. Latour and P. Weibel, 14—41. Cambridge: MIT Press.

Lausen, Marcia. 2007. *Design for Democracy: Ballot and Election Design*. Chicago: University of Chicago Press.

Levin, Golan, Kamal Nigam, and Jonathan Feinberg. 2006. *The Dumpster*. http://artport. whitney. org/commissions/thedumpster/credits. html.

Lupton, Ellen. 2006. *DIY: Design It Yourself*. New York: Princeton Architectural Press.

Mandiberg, Michael. 2006. *Oil Standard*. http://turbulence. org/Works/oilstandard.

Manovich, Lev. 2001. *The Language of New Media*. Cambridge: MIT Press.

Margolin, Victor. 1998. *The Struggle for Utopia: Rodchenko, Lissitzky, Moholy-Nagy, 1917—1946*. Chicago: University of Chicago Press.

McQuiston, Liz. 1995. *Graphic Agitation*. New York: Phaidon Press.

Merleau-Ponty, Maurice. 1962. *Phenomenology of Perception*. London: Routledge.

Mitchell, William J. , Alan S. Inouye, and Marjory S. Blumenthal, eds. 2003. *Beyond Productivity: Information, Technology, Innovation, and Creativity, Committee on Informa- tion Technology and Creativity, National Research Council*. Washington, DC: National Academies Press.

Montfort, Nick, and Ian Bogost. 2009. *Racing the Beam: The Atari Video Computer System*. Cambridge: MIT Press.

Mori, Masahiro. 1970. "Bukimi No Tani. " *Energy* 7 (4): 33—35.

Mouffe, Chantal. 2000a. *Deliberative Democracy or Agonistic Pluralism*. Vienna:

Department of Political Science, Institute for Advanced Studies (IHS).

Mouffe, Chantal. 2000b. *The Democratic Paradox*. London: Verso.

Mouffe, Chantal. 2005a. *On the Political* (*Thinking in Action*). New York: Routledge.

Mouffe, Chantal. 2005b. "Some Reflections on an Agonistic Approach to the Public." *In Making Things Public: Atmospheres of Democracy*, edited by B. Latour and P. Weibel, 804—807. Cambridge: MIT Press.

Mouffe, Chantal. 2007. "Artistic Activism and Agonistic Spaces 2007." *Art and Research* 2 (1). http://www. artandresearch. org. uk/v1n2/mouffe. html.

Murray, Janet. 1997. *Hamlet on the Holodeck*. Cambridge: MIT Press.

Norman, Donald. 2010. "Why Design Education Must Change." *Core77*, November 26. http://core77. com/blog/columns/why _ design _ education _ must _ change _ 17993. asp.

On, Josh. 2001, 2004, 2011. *They Rule*. http://www. theyrule. net/2004/tr2. php. On, Josh. 2004. *Exxon Secrets*. http://www. exxonsecrets. org/maps. php.

Oxford English Dictionary (*OED*) *Online*. 2008. "agon." http://oed. com/public/redirect/welcome-to-the-new-oed-online.

PARO Robotics U. S. , Inc. 2008. "PARO Robots U. S. Inc. Brings Hi-Tech Friends to Life." http://www. parorobots. com/pdf/pressreleases/PARO20% Robots20%US -Press20%Release20%2008-11-20. pdf.

Picard, Rosalind. 2000. *Affective Computing*. Cambridge: MIT Press. Picard, Rosalind. 2005. *Affective Computing*. http://affect. media. mit. edu. Raley, Rita. 2009. *Tactical Media*. Minneapolis: University of Minnesota.

Rawls, John. 1971. *A Theory of Justice*. Cambridge: Harvard University Press. Rawls, John. 1993. *Political Liberalism*. New York: Columbia University Press.

Rickey, George. 1995. *Constructivism: Origins and Evolution*. New York: George Braziller.

Sack, Warren. 2004. *Agonistics: A Language Game*. http://artport. whitney. org/gatepages/artists/sack.

Sassen, Saskia, ed. 2002. *Global Networks*, *Linked Cities*. London: Routledge. Schmitt, Carl. 1996. *The Concept of the Political*. Translated by G. Schwab. Chicago: University of Chicago Press.

Sengers, Phoebe, Kirsten Boehner, Shay David, and Joseph Kaye. 2005. "Reflective Design." *In Proceedings of the Fourth Decennial Conference on Critical Computing*, *Aarhus*, *Denmark*, *August 20—24*, edited by Olav W. Bertelsen et al. , 49—58. Aarhus, Denmark: University of Aarhus.

Sengers, Phoebe, and Bill Gaver. 2006. "Staying Open to Interpretation: Engaging Multiple Meanings in Design and Evaluation." *In Proceedings of the Sixth Conference on Designing Interactive Systems*, *University Park*, *PA*, 99—108. New

York: ACM.

Shepard, Mark. 2009a. *Ad-hoc Dark （roast） Network Travel Mug*. http://survival. sentientcity. net/blog/? page_id=22.

Shepard, Mark. 2009b. *CCD-Me Not Umbrella*. http://survival. sentientcity. net/blog/? page_id—17.

Shepard, Mark. 2009c. *Sentient City Survival Kit*. http://survival. sentientcity. net.

Simon, Herbert. 1996. *The Sciences of the Artificial*. Cambridge: MIT Press. Originally published in 1969.

Smith, Anna Marie. 1998. *Laclau and Mouffe: The Radical Democratic Imaginary*. London: Routledge.

Strauss, Anselm. 1988. "The Articulation of Project Work: An Organizational Process." *Sociological Quarterly* 29 （2）: 163—178.

Strauss, Anselm. 1993. *Continual Permutations of Actions*. New York: Aldine de Gruyter.

Suchman, Lucy. 1987. *Plans and Situated Actions: The Problem of Human-Machine Communication*. Cambridge: Cambridge University Press.

Suchman, Lucy. 2006. *Human-Machine Reconfigurations: Plans and Situated Actions*. Cambridge: Cambridge University Press.

Turkle, Sherry. 2006. "A Nascent Robotics Culture: New Complicities for Companionship." AAAI Technical Report Series, July. Association for the Advancement of Artificial Intelligence, Menlo Park, CA.

Turkle, Sherry. 2011. *Alone Together: Why We Expect More from Technology and Less from Each Other*. New York: Basic Books.

Walters, Michael L. , Dag S. Syrdal, Kerstin Dautenhahn, René T. Boekhorst, and Kheng L. Koay. 2008. "Avoiding the Uncanny Valley: Robot Appearance, Personality and Consistency of Behavior in an Attention-Seeking Home Scenario for a Robot Companion." *Autonomous Robots* 24 （2）: 159—178.

Weiser, Mark. 1991. "The Computer for the 21st Century." *Scientific American* 265 （3）（September）: 94—104.

Wilson, Margaret. 2002. "Six Views on Embodied Cognition." *Psychonomic Bulletin and Review* 9 （4）: 625—636.

Winner, Langdon. 1980. "Do Artifacts Have Politics?" *Daedalus* 109 （1）: 121—136.

Wodiczko, Krzysztof. 1999. *Critical Vehicles: Writings, Projects, Interviews*. Cambridge: MIT Press.

索　引

本索引中的页码是指原版页码,即本书边码。斜体页码表示插图页码。

凤凰文库书目

一、马克思主义研究系列

《走进马克思》 孙伯鍨 张一兵 主编
《回到马克思:经济学语境中的哲学话语》(第三版) 张一兵 著
《当代视野中的马克思》 任平 著
《回到列宁:关于"哲学笔记"的一种后文本学解读》 张一兵 著
《回到恩格斯:文本、理论和解读政治学》 胡大平 著
《国外毛泽东学研究》 尚庆飞 著
《重释历史唯物主义》 段忠桥 著
《资本主义理解史》(6卷) 张一兵 主编
《阶级、文化与民族传统:爱德华·P. 汤普森的历史唯物主义思想研究》 张亮 著
《形而上学的批判与拯救》 谢永康 著
《21世纪的马克思主义哲学创新:马克思主义哲学中国化与中国化马克思主义哲学》 李景源 主编
《科学发展观与和谐社会建设》 李景源 吴元梁 主编
《科学发展观:现代性与哲学视域》 姜建成 著
《西方左翼论当代西方社会结构的演变》 周穗明 王玫 等著
《历史唯物主义的政治哲学向度》 张文喜 著
《信息时代的社会历史观》 孙伟平 著
《从斯密到马克思:经济哲学方法的历史性诠释》 唐正东 著
《构建和谐社会的政治哲学阐释》 欧阳英 著
《正义之后:马克思恩格斯正义观研究》 王广 著
《后马克思主义思想史》 [英]斯图亚特·西姆 著 吕增奎 陈红 译
《后马克思主义与文化研究:理论、政治与介入》 [英]保罗·鲍曼 著 黄晓武 译
《市民社会的乌托邦:马克思主义的社会历史哲学阐释》 王浩斌 著
《唯物史观与人的发展理论》 陈新夏 著
《西方马克思主义与苏联:1917年以来的批评理论和争论概览》 [荷]马歇尔·范·林登 著
　　周穗明 译 翁寒松 校
《物与无:物化逻辑与虚无主义》 刘森林 著
《拜物教的幽灵:当代西方马克思主义社会批判的隐性逻辑》 夏莹 著
《新中国社会形态研究》 吴波 著
《"崩溃的逻辑"的历史建构:阿多诺早中期哲学思想的文本学解读》 张亮 著
《"超越政治"还是"回归政治":马克思与阿伦特政治哲学比较》 白刚 张荣艳 著
《无调式的辩证想象：阿多诺〈否定的辩证法〉的文本学解读》(第二版) 张一兵 著
《马克思再生产理论及其哲学效应研究》 孙乐强 著
《希望的源泉:文化、民主、社会主义》 [英]雷蒙·威廉斯 著 祁阿红 吴晓妹 译
《后工业乌托邦》 [澳]鲍里斯·弗兰克尔 著 李元来 译
《未来考古学:乌托邦欲望和其他科幻小说》 [美]弗里德里克·詹姆逊 著 吴静 译

二、政治学前沿系列

《公共性的再生产:多中心治理的合作机制建构》 孔繁斌 著
《合法性的争夺:政治记忆的多重刻写》 王海洲 著

《民主的不满:美国在寻求一种公共哲学》 [美]迈克尔·桑德尔 著　曾纪茂 译
《权力:一种激进的观点》 [英]斯蒂芬·卢克斯 著　彭斌 译
《正义与非正义战争:通过历史实例的道德论证》 [美]迈克尔·沃尔泽 著　任辉献 译
《自由主义与现代社会》 [英]理查德·贝拉米 著　毛兴贵 等译
《左与右:政治区分的意义》 [意]诺贝托·博比奥 著　陈高华 译
《自由主义中立性及其批评者》 [美]布鲁斯·阿克曼 等著　应奇 编
《公民身份与社会阶级》 [英]T. H. 马歇尔 等著　郭忠华 刘训练 编
《当代社会契约论》 [美]约翰·罗尔斯 等著　包利民 编
《马克思与诺齐克之间》 [英]G. A. 柯亨 等著　吕增奎 编
《美德伦理与道德要求》 [英]欧若拉·奥尼尔 等著　徐向东 编
《宪政与民主》 [英]约瑟夫·拉兹 等著　佟德志 编
《自由多元主义的实践》 [美]威廉·盖尔斯敦 著　佟德志 苏宝俊 译
《国家与市场:全球经济的兴起》 [美]赫尔曼·M. 施瓦茨 著　徐佳 译
《税收政治学:一种比较的视角》 [美]盖伊·彼得斯 著　郭为桂 黄宁莺 译
《控制国家:从古雅典至今的宪政史》 [美]斯科特·戈登 著　应奇 陈丽微 孟军 李勇 译
《社会正义原则》 [英]戴维·米勒 著　应奇 译
《现代政治意识形态》 [澳]安德鲁·文森特 著　袁久红 译
《新社会主义》 [加拿大]艾伦·伍德 著　尚庆飞 译
《政治的回归》 [英]尚塔尔·墨菲 著　王恒 臧佩洪 译
《自由多元主义》 [美]威廉·盖尔斯敦 著　佟德志 庞金友 译
《政治哲学导论》 [英]亚当·斯威夫特 著　佘江涛 译
《重新思考自由主义》 [英]理查德·贝拉米 著　王萍 傅广生 周春鹏 译
《自由主义的两张面孔》 [英]约翰·格雷 著　顾爱彬 李瑞华 译
《自由主义与价值多元论》 [英]乔治·克劳德 著　应奇 译
《帝国:全球化的政治秩序》 [美]麦克尔·哈特 [意]安东尼奥·奈格里 著　杨建国 范一亭 译
《反对自由主义》 [美]约翰·凯克斯 著　应奇 译
《政治思想导读》 [英]彼得·斯特克 大卫·韦戈尔 著　舒小昀 李霞 赵勇 译
《现代欧洲的战争与社会变迁:大转型再探》 [英]桑德拉·哈尔珀琳 著　唐皇凤 武小凯 译
《道德原则与政治义务》 [美]约翰·西蒙斯 著　郭为桂 李艳丽 译
《政治经济学理论》 [美]詹姆斯·卡波拉索 戴维·莱文著　刘骥 等译
《民主国家的自主性》 [英]埃里克·A. 诺德林格 著　孙荣飞 等译
《强社会与弱国家:第三世界的国家社会关系及国家能力》 [英]乔·米格德尔 著　张长东 译
《驾驭经济:英国与法国国家干预的政治学》 [美]彼得·霍尔 著　刘骥 刘娟凤 叶静 译
《社会契约论》 [英]迈克尔·莱斯诺夫 著　刘训练 等译
《共和主义:一种关于自由与政府的理论》 [澳]菲利普·佩蒂特 著　刘训练 译
《至上的美德:平等的理论与实践》 [美]罗纳德·德沃金 著　冯克利 译
《原则问题》 [美]罗纳德·德沃金 著　张国清 译
《社会正义论》 [英]布莱恩·巴利 著　曹海军 译
《马克思与西方政治思想传统》 [美]汉娜·阿伦特 著　孙传钊 译
《作为公道的正义》 [英]布莱恩·巴利 著　曹海军 允春喜 译
《古今自由主义》 [美]列奥·施特劳斯 著　马志娟 译
《公平原则与政治义务》 [美]乔治·格劳斯科 著　毛兴贵 译
《谁统治:一个美国城市的民主和权力》 [美]罗伯特·A. 达尔 著　范春辉 等译

《论伦理精神》 张康之 著

《人权与帝国:世界主义的政治哲学》 [英]科斯塔斯·杜兹纳 著 辛亨复 译

《阐释和社会批判》 [美]迈克尔·沃尔泽 著 任辉献 段鸣玉 译

《全球时代的民族国家:吉登斯讲演录》 [英]安东尼·吉登斯 著 郭忠华 编

《当代政治哲学名著导读》 应奇 主编

《拉克劳与墨菲:激进民主想象》 [美]安娜·M. 史密斯 著 付琼 译

《英国新左派思想家》 张亮 编

《第一代英国新左派》 [英]迈克尔·肯尼 著 李永新 陈剑 译

《转向帝国:英法帝国自由主义的兴起》 [美]珍妮弗·皮茨 著 金毅 许鸿艳 译

《论战争》 [美]迈克尔·沃尔泽 著 任辉献 段鸣玉 译

《现代性的谱系》 张凤阳 著

《近代中国民主观念之生成与流变:一项观念史的考察》 闫小波 著

《阿伦特与现代性的挑战》 [美]塞瑞娜·潘琳 著 张云龙 译

《政治人:政治的社会基础》 [美]西摩·马丁·李普塞特 著 郭为桂 林娜 译

《社会中的国家:国家与社会如何相互改变与相互构成》 [美]乔尔·S. 米格代尔 著 李杨 郭
　一聪 译张长东 校

《伦理、文化与社会主义:英国新左派早期思想读本》 张亮 熊婴 编

《仪式、政治与权力》 [美]大卫·科泽 著 王海洲 译

《政治仪式:权力生产和再生产的政治文化分析》 王海洲 著

《论政治的本性》 [英]尚塔尔·墨菲 著 周凡 译

三、纯粹哲学系列

《哲学作为创造性的智慧:叶秀山西方哲学论集(1998—2002)》 叶秀山 著

《真理与自由:康德哲学的存在论阐释》 黄裕生 著

《走向精神科学之路:狄尔泰哲学思想研究》 谢地坤 著

《从胡塞尔到德里达》 尚杰 著

《海德格尔与存在论历史的解构:〈现象学的基本问题〉引论》 宋继杰 著

《康德的信仰:康德的自由、自然和上帝理念批判》 赵广明 著

《宗教与哲学的相遇:奥古斯丁与托马斯·阿奎那的基督教哲学研究》 黄裕生 著

《理念与神:柏拉图的理念思想及其神学意义》 赵广明 著

《时间性:自身与他者——从胡塞尔、海德格尔到列维纳斯》 王恒 著

《意志及其解脱之路:叔本华哲学思想研究》 黄文前 著

《真理之光:费希特与海德格尔论 SEIN》 李文堂 著

《归隐之路:20 世纪法国哲学的踪迹》 尚杰 著

《胡塞尔直观概念的起源:以意向性为线索的早期文本研究》 陈志远 著

《幽灵之舞:德里达与现象学》 方向红 著

《形而上学与社会希望:罗蒂哲学研究》 陈亚军 著

《福柯的主体解构之旅:从知识考古学到"人之死"》 刘永谋 著

《中西智慧的贯通:叶秀山中国哲学文化论集》 叶秀山 著

《学与思的轮回:叶秀山 2003—2007 年最新论文集》 叶秀山 著

《返回爱与自由的生活世界:纯粹民间文学关键词的哲学阐释》 户晓辉 著

《心的秩序:一种现象学心学研究的可能性》 倪梁康 著

《生命与信仰:克尔凯郭尔假名写作时期基督教哲学思想研究》 王齐 著

《时间与永恒:论海德格尔哲学中的时间问题》 黄裕生 著

《道路之思:海德格尔的"存在论差异"思想》 张柯 著

《启蒙与自由:叶秀山论康德》 叶秀山 著

《自由、心灵与时间:奥古斯丁心灵转向问题的文本学研究》 张荣 著

《回归原创之思:"象思维"视野下的中国智慧》 王树人 著

《从语言到心灵:一种生活整体主义的研究》 黄益民 著

《身体、空间与科学:梅洛－庞蒂的空间现象学研究》 刘胜利 著

《超越经验主义与理性主义:实用主义叙事的当代转换及效应》 陈亚军 著

四、宗教研究系列

《汉译佛教经典哲学研究》(上下卷) 杜继文 著

《中国佛教通史》(15卷) 赖永海 主编

《中国禅宗通史》 杜继文 魏道儒 著

《佛教史》 杜继文 主编

《道教史》 卿希泰 唐大潮 著

《基督教史》 王美秀 段琦 等著

《伊斯兰教史》 金宜久 主编

《中国律宗通史》 王建光 著

《中国唯识宗通史》 杨维中 著

《中国净土宗通史》 陈扬炯 著

《中国天台宗通史》 潘桂明 吴忠伟 著

《中国三论宗通史》 董群 著

《中国华严宗通史》 魏道儒 著

《中国佛教思想史稿》(3卷) 潘桂明 著

《禅与老庄》 徐小跃 著

《中国佛性论》 赖永海 著

《禅宗早期思想的形成与发展》 洪修平 著

《基督教思想史》 [美]胡斯都·L. 冈察雷斯 著 陈泽民 孙汉书 司徒桐 莫如喜 陆俊杰 译

《圣经历史哲学》(上下卷) 赵敦华 著

《如来藏经典与中国佛教》 杨维中 著

《儒佛道思想家与中国思想文化》 洪修平 主编

《基督教神学发展史》(一)、(二)、(三) 林荣洪 著

五、人文与社会系列

《环境与历史:美国和南非驯化自然的比较》 [美]威廉·贝纳特 彼得·科茨 著 包茂红 译

《阿伦特为什么重要》 [美]伊丽莎白·扬—布鲁尔 著 刘北成 刘小鸥 译

《现代性的哲学话语》 [德]于尔根·哈贝马斯 著 曹卫东 等译

《追寻美德:伦理理论研究》 [美]A. 麦金太尔 著 宋继杰 译

《现代社会中的法律》 [美]R. M. 昂格尔 著 吴玉章 周汉华 译

《知识分子与大众:文学知识界的傲慢与偏见,1880—1939》 [英]约翰·凯里 著 吴庆宏 译

《自我的根源:现代认同的形成》 [加拿大]查尔斯·泰勒 著 韩震 等译

《社会行动的结构》 [美]塔尔科特·帕森斯 著 张明德 夏遇南 彭刚 译

《文化的解释》 [美]克利福德·格尔茨 著 韩莉 译

《以色列与启示:秩序与历史(卷 1)》 [美]埃里克·沃格林 著 霍伟岸 叶颖 译

《城邦的世界:秩序与历史(卷 2)》 [美]埃里克·沃格林 著 陈周旺 译

《战争与和平的权利:从格劳秀斯到康德的政治思想与国际秩序》 [美]理查德·塔克 著 罗
　　炳 等译

《人类与自然世界:1500—1800 年间英国观念的变化》 [英]基思·托马斯 著 宋丽丽 译

《男性气概》 [美]哈维·C. 曼斯菲尔德 著 刘玮 译

《黑格尔》 [加拿大]查尔斯·泰勒 著 张国清 朱进东 译

《社会理论和社会结构》 [美]罗伯特·K. 默顿 著 唐少杰 齐心 等译

《个体的社会》 [德]诺贝特·埃利亚斯 著 翟三江 陆兴华 译

《象征交换与死亡》 [法]让·波德里亚 著 车槿山 译

《实践感》 [法]皮埃尔·布迪厄 著 蒋梓骅 译

《关于马基雅维里的思考》 [美]利奥·施特劳斯 著 申彤 译

《正义诸领域:为多元主义与平等一辩》 [美]迈克尔·沃尔泽 著 褚松燕 译

《传统的发明》 [英]E. 霍布斯鲍姆 T. 兰格 著 顾杭 庞冠群 译

《元史学:十九世纪欧洲的历史想象》 [美]海登·怀特 著 陈新 译

《卢梭问题》 [德]恩斯特·卡西勒 著 王春华 译

《自足语义:为语义最简论和言语行为多元论辩护》 [挪威]赫尔曼·开普兰
[美]厄尼·利珀尔 著 周允程 译

《历史主义的兴起》 [德]弗里德里希·梅尼克 著 陆月宏 译

《权威的概念》 [法]亚历山大·科耶夫 著 姜志辉 译

《无国界移民》 [瑞士]安托万·佩库 [荷兰]保罗·德·古赫特奈尔 编 武云 译

《语言的未来》 [法]皮埃尔·朱代·德·拉孔布 海因茨·维斯曼 著 梁爽 译

《全球化的关键概念》 [挪]托马斯·许兰德·埃里克森 著 周云水 等译

《房地产阶级社会》 [韩]孙洛龟 著 芦恒 译

《政治创新与概念变革》 [美]特伦斯·鲍尔詹姆斯·法尔拉塞尔·L. 汉森 编 朱进东 译

《依赖性的理性动物:人类为什么需要德性》 [美]阿拉斯戴尔·麦金太尔 著 刘玮 译

《理解俄国:俄国文化中的圣愚》 [美]埃娃·汤普逊 著 杨德友 译

《留恋人世:长生不老的奇妙科学》 [美]乔纳森·韦纳 著 杨朗 卢文超 译

六、海外中国研究系列

《帝国的隐喻:中国民间宗教》 [英]王斯福 著 赵旭东 译

《王弼〈老子注〉研究》 [德]瓦格纳 著 杨立华 译

《章学诚思想与生平研究》 [美]倪德卫 著 杨立华 译

《中国与达尔文》 [美]詹姆斯·里夫 著 钟永强 译

《千年末世之乱:1813 年八卦教起义》 [美]韩书瑞 著 陈仲丹 译

《中华帝国后期的欲望与小说叙述》 黄卫总 著 张蕴爽 译

《私人领域的变形:唐宋诗词中的园林与玩好》 [美]王晓山 著 文韬 译

《六朝精神史研究》 [日]吉川忠夫 著 王启发 译

《中国社会史》 [法]谢和耐 著 黄建华 黄迅余 译

《大分流:欧洲、中国及现代世界经济的发展》 [美]彭慕兰 著 史建云 译

《近代中国的知识分子与文明》 [日]佐藤慎一 著 刘岳兵 译

《转变的中国:历史变迁与欧洲经验的局限》 [美]王国斌 著 李伯重 连玲玲 译

《中国近代思维的挫折》 [日]岛田虔次 著 甘万萍 译

《为权力祈祷》 [加拿大]卜正民 著 张华 译

《洪业:清朝开国史》 [美]魏斐德 著 陈苏镇 薄小莹 译

《儒教与道教》 [德]马克斯·韦伯 著 洪天富 译

《革命与历史:中国马克思主义历史学的起源,1919—1937》 [美]德里克 著 翁贺凯 译

《中华帝国的法律》 [美]D. 布朗 等著 朱勇 译

《文化、权力与国家》 [美]杜赞奇 著 王福明 译

《中国的亚洲内陆边疆》 [美]拉铁摩尔 著 唐晓峰 译

《古代中国的思想世界》 [美]史华兹 著 程钢 译刘东 校

《中国近代经济史研究:明末海关财政与通商口岸市场圈》 [日]滨下武志 著 高淑娟 孙彬 译

《中国美学问题》 [美]苏源熙 著 卞东波 译 张强强 朱霞欢 校

《翻译的传说:构建中国新女性形象》 胡缨 著 龙瑜成 彭珊珊 译

《〈诗经〉原意研究》 [日]家井真 著 陆越 译

《缠足:"金莲崇拜"盛极而衰的演变》 [美]高彦颐 著 苗延威 译

《从民族国家中拯救历史:民族主义话语与中国现代史研究》 [美]杜赞奇 著 王宪明 高继美 李海燕 李点 译

《传统中国日常生活中的协商:中古契约研究》 [美]韩森 著 鲁西奇 译

《欧几里得在中国:汉译〈几何原本〉的源流与影响》 [荷]安国风 著 纪志刚 郑诚 郑方磊 译

《毁灭的种子:战争与革命中的国民党中国(1937－1949)》 [美]易劳逸 著 王建朗 王贤知 贾维 译

《理解农民中国:社会科学哲学的案例研究》 [美]李丹 著 张天虹 张胜波 译

《18 世纪的中国社会》 [美]韩书瑞 罗有枝 著 陈仲丹 译

《开放的帝国:1600 年的中国历史》 [美]韩森 著 梁侃 邹劲风 译

《中国人的幸福观》 [德]鲍吾刚 著 严蓓雯 韩雪临 伍德祖 译

《明代乡村纠纷与秩序》 [日]中岛乐章 著 郭万平 高飞 译

《朱熹的思维世界》 [美]田浩 著

《礼物、关系学与国家:中国人际关系与主体建构》 杨美慧 著 赵旭东 孙珉 译张跃宏 校

《美国的中国形象:1931—1949》 [美]克里斯托弗·杰斯普森 著 姜智芹 译

《清代内河水运史研究》 [日]松浦章 著 董科 译

《中国的经济革命:20 世纪的乡村工业》 [日]顾琳 著 王玉茹 张玮 李进霞 译

《明清时代东亚海域的文化交流》 [日]松浦章 著 郑洁西 译

《皇帝和祖宗:华南的国家与宗族》 科大卫 著 卜永坚 译

《中国善书研究》 [日]酒井忠夫 著 刘岳兵 何英莺 孙雪梅 译

《大萧条时期的中国:市场、国家与世界经济》 [日]城山智子 著 孟凡礼 尚国敏 译

《虎、米、丝、泥:帝制晚期华南的环境与经济》 [美]马立博 著 王玉茹 译

《矢志不渝:明清时期的贞女现象》 [美]卢苇菁 著 秦立彦 译

《山东叛乱:1774 年的王伦起义》 [美]韩书瑞 著 刘平 唐雁超 译

《一江黑水:中国未来的环境挑战》 [美]易明 著 姜智芹 译

《施剑翘复仇案:民国时期公众同情的兴起与影响》 [美]林郁沁 著 陈湘静 译

《工程国家:民国时期(1927－1937)的淮河治理及国家建设》 [美]戴维·艾伦·佩兹 著 姜智芹 译

《西学东渐与中国事情》 [日]增田涉 著 周启乾 译

《铁泪图:19 世纪中国对于饥馑的文化反应》 [美]艾志端 著 曹曦 译

《危险的边疆:游牧帝国与中国》 [美]巴菲尔德 著 袁剑 译

《华北的暴力与恐慌:义和团运动前夕基督教传播和社会冲突》 [德]狄德满 著 崔华杰 译
《历史宝筏:过去、西方与中国的妇女问题》 [美]季家珍 著 杨可 译
《姐妹们与陌生人:上海棉纱厂女工,1919—1949》 [美]艾米莉·洪尼格 著 韩慈 译
《银线:19世纪的世界与中国》 林满红 著 詹庆华 林满红 译
《寻求中国民主》 [澳]冯兆基 著 刘悦斌 徐硙 译
《中国乡村的基督教:1860—1900江西省的冲突与适应》 [美]史维东 著 吴薇 译
《认知变异:反思人类心智的统一性与多样性》 [英]G.E.R.劳埃德 著 池志培 译
《假想的"满大人":同情、现代性与中国疼痛》 [美]韩瑞 著 袁剑 译
《男性特质论:中国的社会与性别》 [澳]雷金庆 著 [澳]刘婷 译
《中国的捐纳制度与社会》 伍跃 著
《文书行政的汉帝国》 [日]富谷至 著 刘恒武 孔李波 译
《城市里的陌生人:中国流动人口的空间、权力与社会网络的重构》 [美]张骊 著 袁长庚 译
《重读中国女性生命故事》 游鉴明 胡缨 季家珍 主编
《跨太平洋位移:20世纪美国文学中的民族志、翻译和文本间旅行》 黄运特 著 陈倩 译
《近代日本的中国认识》 [日]野村浩一 著 张学锋 译
《性别、政治与民主:近代中国的妇女参政》 [澳]李木兰 著 方小平 译
《狮龙共舞:一个英国人眼中的威海卫与中国文化》 [英]庄士敦 著 刘本森 译
《中国社会中的宗教与仪式》 [美]武雅士 著 彭泽安 邵铁峰 译 郭潇威 校
《大象的退却:一部中国环境史》 [英]伊懋可 著 梅雪芹 毛利霞 王玉山 译
《自贡商人:早期近代中国的企业家》 [美]曾小萍 著 董建中 译
《人物、角色与心灵:〈牡丹亭〉与〈桃花扇〉中的身份认同》 [美]吕立亭 著 白华山 译
《明代江南土地制度研究》 [日]森正夫 著 伍跃 张学锋 等译 范金民 夏维中 审校
《儒学与女性》 [美]罗莎莉 著 丁佳伟 曹秀娟 译
《权力关系:宋代中国的家族、地位与国家》 [美]柏文莉 著 刘云军 译
《行善的艺术:晚明中国的慈善事业》 [美]韩德林 著 吴士勇 王桐 史桢豪 译
《近代中国的渔业战争和环境变化》 [美]穆盛博 著 胡文亮 译
《工开万物:17世纪中国的知识与技术》 [德]薛凤 著 吴秀杰 白岚玲 译
《权力源自地位:北京大学、知识分子与中国政治文化,1898—1929》 [美]魏定熙 著 张蒙 译
《忠贞不贰?——辽代的越境之举》 [英]史怀梅 著 曹流 译
《两访中国茶乡》 [英]罗伯特·福琼 著 敖雪岗 译
《古代中国的动物与灵异》 [英]胡司德 著 蓝旭 译
《内藤湖南:政治与汉学(1866—1934)》 [美]傅佛果 著 陶德民 何英莺 译

七、历史研究系列
《中国近代通史》(10卷) 张海鹏 主编
《极端的年代》 [英]艾瑞克·霍布斯鲍姆 著 马凡 等译
《漫长的20世纪》 [意]杰奥瓦尼·阿瑞基 著 姚乃强 译
《在传统与变革之间:英国文化模式溯源》 钱乘旦 陈晓律 著
《世界现代化历程》(10卷) 钱乘旦 主编
《近代以来日本的中国观》(6卷) 杨栋梁 主编
《中华民族凝聚力的形成与发展》 卢勋 杨保隆 等著
《明治维新》 [英]威廉·G.比斯利 著 张光 汤金旭 译
《在垂死皇帝的王国:世纪末的日本》 [美]诺玛·菲尔德 著 曾霞 译

《美国的艺伎盟友》 [美]涩泽尚子 著 油小丽 牟学苑 译

《戊戌政变的台前幕后》 马勇 著

《战后东北亚主要国家间领土纠纷与国际关系研究》 李凡 著

《战后西亚国家领土纠纷与国际关系》 黄民兴 谢立忱 著

《民国首都南京的营造政治与现代想象(1927－1937)》 董佳 著

《战后日本史》 王新生 著

《衣被天下:明清江南丝绸史研究》 范金民 著

八、当代思想前沿系列

《世纪末的维也纳》 [美]卡尔·休斯克 著 李锋 译

《莎士比亚的政治》 [美]阿兰·布鲁姆 哈瑞·雅法 著 潘望 译

《邪恶》 [英]玛丽·米奇利 著 陆月宏 译

《知识分子都到哪里去了:对抗21世纪的庸人主义》 [英]弗兰克·富里迪 著 戴从容 译

《资本主义文化矛盾》 [美]丹尼尔·贝尔 著 严蓓雯 译

《流动的恐惧》 [英]齐格蒙特·鲍曼 著 谷蕾 杨超 等译

《流动的生活》 [英]齐格蒙特·鲍曼 著 徐朝友 译

《流动的时代:生活于充满不确定性的年代》 [英]齐格蒙特·鲍曼 著 谷蕾 武媛媛 译

《未来的形而上学》 [美]爱莲心 著 余日昌 译

《感受与形式》 [美]苏珊·朗格 著 高艳萍 译

《资本主义及其经济学:一种批判的历史》 [美]道格拉斯·多德 著 熊婴 译 刘思云 校

《异端人物》 [英]特里·伊格尔顿 著 刘超 陈叶 译

《哲学俱乐部:美国观念的故事》 [美]路易斯·梅南德 著 肖凡 鲁帆 译

《文化理论关键词》 [英]丹尼·卡瓦拉罗 著 张卫东 张生 赵顺宏 译

《齐格蒙特·鲍曼:后现代性的预言家》 [英]丹尼斯·史密斯 著 佘江涛 译

《公共领域中的伦理学》 [英]约瑟夫·拉兹 著 葛四友 主译

《文化模式批判》 崔平 著

《谁是罗兰·巴特》 汪民安 著

《身体、空间与后现代性》 汪民安 著

《时间、空间与伦理学基础》 [美]爱莲心 著 高永旺 李孟国 译

九、教育理论研究系列

《教育研究方法导论》 [美]梅雷迪斯·D.高尔等 著 许庆豫 等译

《教育基础》 [美]阿伦·奥恩斯坦 著 杨树兵 等译

《教育伦理学》 贾馥茗 著

《认知心理学》 [美]罗伯特·L.索尔索 著 何华 等译

《现代心理学史》 [美]杜安·P.舒尔茨 著 叶浩生 等译

《学校法学》 [美]米歇尔·W.拉莫特 著 许庆豫 等译

十、艺术理论研究系列

《弗莱艺术批评文选》 [英]罗杰·弗莱 著 沈语冰 译

《另类准则:直面20世纪艺术》 [美]列奥·施坦伯格 著 沈语冰 刘凡 谷光曙 译

《当代艺术的主题:1980年以后的视觉艺术》 [美]简·罗伯森 克雷格·迈克丹尼尔 著 匡骁 译

《艺术与物性:论文与评论集》 [美]迈克尔·弗雷德 著 张晓剑 沈语冰 译

《现代生活的画像:马奈及其追随者艺术中的巴黎》 [英]T. J.克拉克 著 沈语冰 诸葛沂 译

《自我与图像》 [英]艾美利亚·琼斯 著 刘凡 谷光曙 译

《博物馆怀疑论:公共美术馆中的艺术展览史》 [美]大卫·卡里尔 著 丁宁 译

《艺术社会学》 [英]维多利亚·D.亚历山大 著 章浩 沈杨 译

《云的理论:为了建立一种新的绘画史》 [法]于贝尔·达米施 著 董强 译

《杜尚之后的康德》 [比]蒂埃利·德·迪弗 著 沈语冰 张晓剑 陶铮 译

《蒂耶波洛的图画智力》 [美]斯维特拉娜·阿尔珀斯 [英]迈克尔·巴克森德尔 著 王玉冬 译

《伦勃朗的企业:工作室与艺术市场》 [美]斯维特拉娜·阿尔珀斯 著 冯白帆 译

《新前卫与文化工业》 [美]本雅明·布赫洛 著 何卫华 史岩林 桂宏军 钱纪芳 译

《现代艺术:19 与 20 世纪》 [美]迈耶·夏皮罗 著 沈语冰 何海 译

《重构抽象表现主义:20 世纪 40 年代的主体性与绘画》 [美]迈克尔·莱雅 著 毛秋月 译

《神经元艺术史》 [英]约翰·奥尼恩斯 著 梅娜芳 译

《实在的回归:世纪末的前卫艺术》 [美]哈尔·福斯特 著 杨娟娟 译

《德国文艺复兴时期的椴木雕刻家》 [德]巴克森德尔 著 殷树喜 译

《艺术的理论与哲学:风格、艺术家和社会》 [美]迈耶·夏皮罗 著 沈语冰 王玉冬 译

十一、中国经济问题研究系列

《中国经济的现代化:制度变革与结构转型》 肖耿 著

《世界经济复苏与中国的作用》 [英]傅晓岚 编 蔡悦 等译

《中国未来十年的改革之路》 《比较》研究室 编

《大失衡:贸易、冲突和世界经济的危险前路》 [美]迈克尔·佩蒂斯 著 王璟 译

《中国经济新转型》 [日]青木昌彦 吴敬琏 编 姚志敏 等译

《经济全球化与中国产业发展》 刘志彪 著

十二、艺术与社会系列

《艺术界》 [美]霍华德·S. 贝克尔 著 卢文超 译

《寻找如画美:英国的风景美学与旅游,1760—1800》 [英]马尔科姆·安德鲁斯 著 张箭飞
韦照周 译

十三、公共管理系列

《更快 更好 更省?》 [美]达尔·W. 福赛斯 著 范春辉 译

《公共行政的行动主义》 张康之 著

《美国能源政策:变革中的政治、挑战与前景》 [美]劳任斯·R. 格里戴维·E. 麦克纳布 著 付
满 译

十四、智库系列

《经营智库:成熟组织的实务指南》 [美]雷蒙德·J. 斯特鲁伊克 著 李刚 等译 陆扬 校